炭丈スミタケ」
四五センチ位までは
坐って掘るが、それ
以下は寝て掘る
この低層炭は
筑豊では至って少ない
遠賀郡に一、二ある噂さ、
あっても能率があがらぬ
から採掘しない
カイロ《街路》は三〇センチ位たかめる
主人先山は二尺位ほる

炭坑美人

闇を灯す女たち

田嶋雅已

築地書館

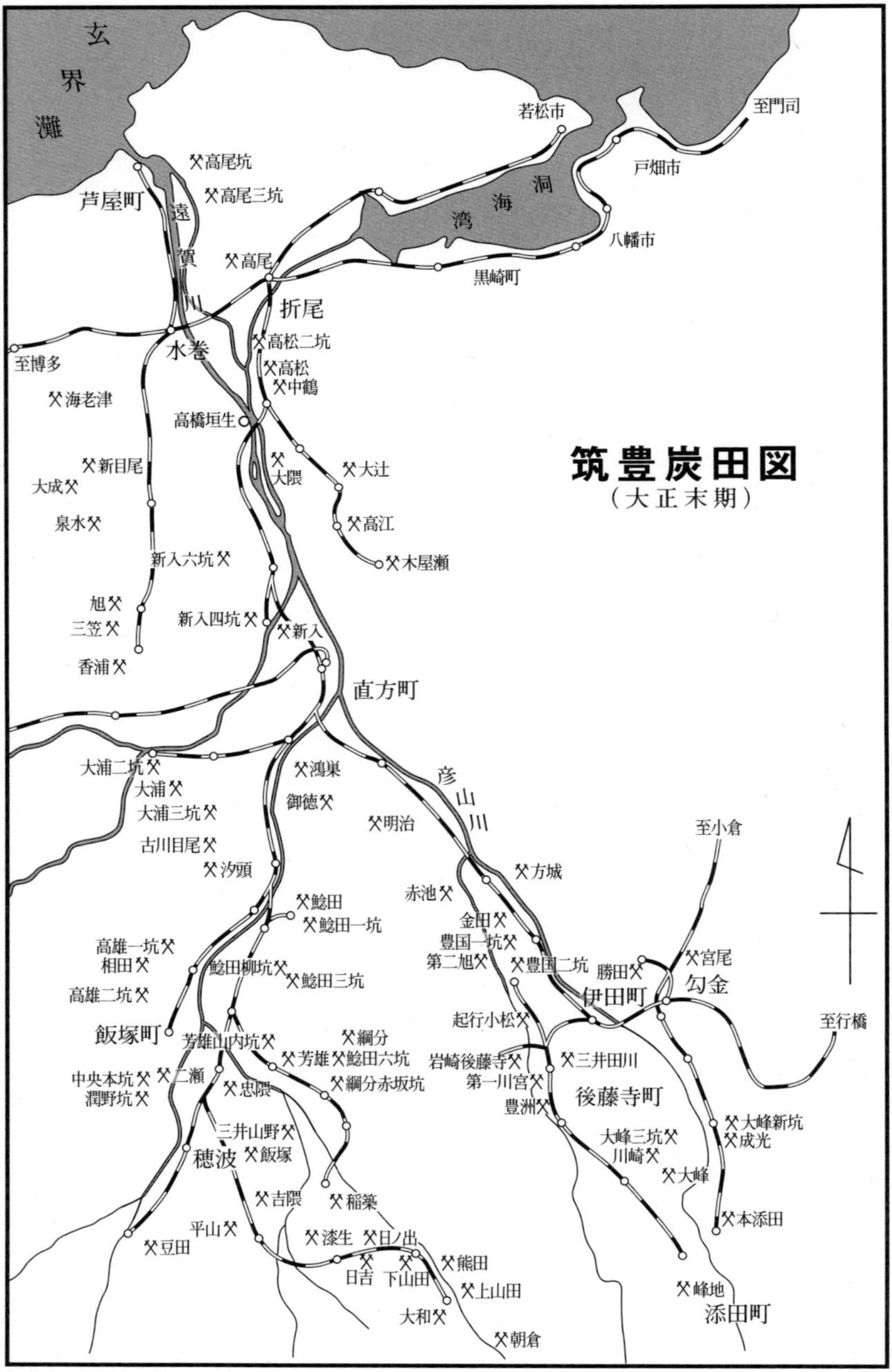

永末十四雄『筑豊──石炭の地域史』（NHKブックス 1973年）をもとに作成

はじめに

　学生時代にひょんなことから、とある清掃会社で労働組合の結成にかかわった私は、卒業が間近に迫ってきていたにもかかわらず何ひとつ就職活動をしないまま、ビルの掃除屋として床にへばりつく道を選択したのでした。そして、「掃除は床に四つん這いになることから始まるのだ！」と、仲間を諭しながら、昨日から今日へ、今日から明日へとなだれ込んでいく労働のみの日々に明け暮れていたのです。東京という大都市を否定しながら、都市の中でしか成り立たないビル清掃という労働を選択したことの矛盾も、働くことや生活すること、人と人が関係することをもう一度「地域」の中に取り戻したいという目的のために、一にも二にも受け入れられていったのでした。

　しかし、ボロ雑巾のように疲れ切った身体を引きずりながら、私はいつしか自分をとりまくすべてのものに希望が持てなくなってしまいました。「あの頃の君の顔はいつも灰色だったね」と、今でも当時をよく知る友人に言われます。時は八〇年代。私にとってはあらゆるものが解体していく時代でした。ありうべき理想の労働、ありうべき理想の人間関係といったものも幻想にしかすぎませんでした。溢れかえる物の豊かさが思考することを駆逐し、思想は言葉の海の中で溺れかけているように見えました。

語られる世界が正しければ正しいほど、悲しいかなそれを語る生身の人間の存在はその正しさからほど遠いところにいたのです。そのことを私は共に働く多くの仲間の無言の労働を通して悟らされたのです。労働する目的を失った時、私は初めて人間が働くということの意味がほんの少しわかったような気がしました。

そんな時でした。この国の地の底で這うようにして働いてきた女たちの存在を知ったのです。何度目かの筑豊訪問の際、私は偶然にも一人の元女坑夫のお婆ちゃんに出会うことができました。その時の話の内容と何よりもこのお婆ちゃんの笑顔に、私は一気に吸い込まれてしまいました。私はこれまでの自分の労働と重ね合わせながら、炭塵で真っ黒になった彼女たちの、裸の背中の上を流れ落ちる一筋の汗の喘ぎをはっきりと感じることができたのです。そこには言葉を拒絶した常闇の世界がつくりだした、人間の確かな存在がありました。今なら人間が撮れるかもしれない。そう思った私は自分自身の肉体労働にピリオドを打ち、カメラと暗室機材一式を車に詰め込み筑豊へと向かったのでした。そして、かつての三井田川炭鉱の朽ちかけた炭住の片隅で暮らしながら、元女坑夫のお婆ちゃんたちを探し歩く日々が始まったのです。

筑豊。霊峰、英彦《ひこ》山を源に福岡県東北部から北九州は洞海《どうかい》湾へと至る遠賀《おんが》川流域は、かつて全国出炭量の約半分を誇り、黒ダイヤの都と呼ばれてきたところでした。この旧筑前国と旧豊前国にまたがる広大な地域から一世紀の長きにわたって掘り出された石炭は八億七千万トンにも達するといわれています。ここは明治政府の成立にともなう近代国家の夜明けから、度重なる侵略戦争をへて戦後復興・高度経済成長に至るまで、この国の発展と豊かさを文字通り底辺から支えた偉大な地下王国だったのです。

江戸時代の中頃、「焚石」とも「燃え石」とも呼ばれ、農家の薪がわりにしかすぎなかった石炭が、我が国産業革命のエネルギーとしてその基礎を築いたのは明治二十年代の終わりから三十年代にかけてのことでした。このころ中央の大資本も筑豊にこぞって参入し、それまでののどかな農村の風景とはガラリと変わった炭鉱町が筑豊の各地に出現したのでした。

〽赤い煙突　目あてにゆけば　米のまんまがあばれ食い
と、唄い継がれてきたように、野麦峠を多くの紡績女工たちが越えていた頃、ここ筑豊には九州各県はもとより中国・四国地方からも多くの人々が赤い煙突のもとに流れ込んできていました。貧困にあえぐ親の手にひかれ故郷を捨ててきた幼い彼女たちが、今度はカンテラの小さな明かりに照らし出された親の背にひかれ、筑豊の地ぞこの闇に吸い込まれていったのもまた自然の成り行きだったに違いありません。

この当時の採炭は、ツルハシを使って石炭を掘る男の「先《さき》ヤマ」と、その「先ヤマ」によって掘り出された石炭をスラと呼ばれるソリ状の箱やテボ・セナといった竹でできた籠を使って運び出す「後向《あとむ》き」を、最も小さな単位として成り立っていました。闇夜よりもまだ暗い、真っ暗闇に下がった彼女たちの多くは、この「後向き」と呼ばれる労働に従事したのでした。今の私たちにとっては、想像を絶するような狭くて低い坑道、高温多湿、希薄な空気といった劣悪な労働環境の中での長時間労働。また、いつ起きるともわからない落盤やガス爆発。いったん坑内に下がれば再び無事に上がってこられるという保証などどこにもない彼女たちの労働は、紡績女工のそれと並んで日本の近代女性労働史の中でも最も苛酷であったといっても決して過言ではないでしょう。

殺伐とした炭鉱社会の中で、時として男以上に働き、なおかつ男の世界を支え小さな命を育んできたのも彼女たちあってのことだったのです。この国の地の底で流れ出る汗を地底に垂らす何万という裸の女たちがいたのでした。日本の石炭産業は決して男だけによって成り立ってきたものではないのです。

冬の数カ月間を筑豊で暮らしながら、元女坑夫のお婆ちゃんたちを探し歩く日々もいつしか五年目に入りました。道で老女に出会えば片っ端から声をかけまくり、かつての炭鉱町、ゲートボール場、地域の温泉センターなど、お年寄りの集まりそうな場所に行っては虱潰しに探しました。

「昔坑内に下がったことのある女ごね？　さぁーて……？　あー、おるおる！　あん人は長いこと坑内に下がっちょるき、ちょっと詳しいばい」

何日も何日も探し歩いてようやく訪ねあてた時、私の胸は高鳴りました。

「で、そのお婆ちゃんはどこにおみえですか？」

「その婆ちゃんね？　あん人は一週間前に死んだばい。アンタ、もうちょっと早く来な！　そげな人はみーんな死んでしもうて、もうここらあたりにはおらんばい」

女性の坑内労働が禁止されたのは一九三三（昭和八）年のことでした。もっとも中小炭鉱においてはこの限りではなく、一九四七（昭和二十二）年のマッカーサー指令の出るまで女性の坑内労働は続いていたのです。大手中央資本によって開発された北海道の炭鉱とは異なり、中小炭鉱の多かった筑豊に女性の坑内経験者が多い理由はここにあるのです。しかし、エネルギー革命の嵐の中で筑豊で最後まで残っていた炭鉱が閉山してからでさえ、すでに十五年もの時が経っていました。あまりにも遅すぎる取材であることは明らかなことでしたが、それでも私は取り憑かれたように筑豊中を駆け巡り、五年間で百五十人近くの元女坑夫のお婆ちゃんたちと出会うことができたのです。

私はこの取材を通して日本の女性労働史を記録しようとしたわけではありません。また頻発する炭鉱災害の中、累々たる屍の山を築いてきた日本石炭産業のネガティブな部分を記録しようとしたのでもありません。人間が国家というシステムの中で生きていくうえで、その国家を基本的な部分で支えてきた産業と、その産業をもっとも底辺で支えた人間の基本的営為としての労働と、その労働を通して取り結ばれる素朴な人間関係の中から生まれる文化に、私は今のこの時代を生きる勇気を見つけだしたかっただけなのです。それがたまたま石炭産業であり、女性であったにすぎなかったのです。

「炭鉱というところは仕事が終われば、前だか後ろだかわからんごとみんな真っ黒になって上がってくるとです。誰が誰だか、自分の父ちゃんさえどこにいるのか全くわからん。それでもそんな姿を見て一度だって汚いと思うたことはないとです」

母娘三代にわたって坑夫を夫に持ったという一人の女性が語ったこの言葉を、私は今でも忘れることができません。私が筑豊に滞在していた時期は、時あたかもバブル経済の絶頂期でした。このころ巷では３Ｋなる言葉が流行語になっていました。「危険で汚くてきつい」職場は敬遠され、「安全できれいで楽な」職場へと日本人の就労意識は大きく変わりました。３Ｋ職場は人手不足から労務倒産の危機に陥り、それを救ったのは外国人労働者でした。朝シャンに代表される異常なまでもの清潔主義と、メディアを通して垂れ流されるおびただしい数の抗菌、抗臭グッズの氾濫は、３Ｋ職場が敬遠される時代の精神と無縁のところで成り立っているものではないでしょう。

しかし、ちょっと待ってください。少し冷静になって考えてみれば、私たちが今日の糧を得て明日という日を不安なく迎えることができるのも、生きていくために必要な社会的生産が行われているからにほかなりません。そしてそういった生産は、「危険で汚くてきつい」労働によって初めて可能となるのではないでしょうか。安全できれい、無菌・無臭といった、実験室に置いてあるシャーレの中に真綿を敷き詰めたような、居心地のいい環境の中だけで私たちの暮らしが成り立つものではないはずです。

また、そういった「危険で汚くてきつい」労働というものは、果たしてそれほど敬遠されるようなものなのでしょうか。確かに労働が搾取を前提とする生産関係の中にあるとき、苦痛を伴うものであることは否定できない事実かもしれません。しかし、労働というものが本来持っているものは、そのすべてを苦役とするような、そんな貧しいものでは決してないはずです。

私は元女坑夫のお婆ちゃんたちとの「お付き合い」を通して、一日の大半を苛酷な労働に追われ、新聞やTVとも無縁なその時代に生きた彼女たちの人間としての豊かさに圧倒されつづけました。そこには活字や映像を通して知り得る情報はなくとも想像がありました。言葉で語られる世界はなくとも生きた哲学がありました。机の上の知識はなくとも、絶望と困難を乗り越えて行く知恵と行動力、そして何よりも働く仲間同士が作り上げた相互の信頼がありました。

科学技術の進歩は私たちの生活をこの上なく便利なものにしましたが、ひとつひとつモノを獲得していくということは、同時に人間が持っている可能性をひとつひとつ失っていくことでもあるのだということに私は初めて気づかされたのでした。

お婆ちゃんたちが自らの人生を振り返って語るそのテンポのいい語り。身振り手振りを交えた話術の巧みさ。そして苦労を笑い飛ばす笑顔と底抜けの明るさ。それは筑豊の乾いた風景の地の底で、濃密な時を刻んだ労働こそが紡ぎ出した人間の豊かさではないでしょうか。

今この国は石炭の時代からはるか遠いところにきています。生き物に死があるのと同じように産業にも死があるのは当然のことかもしれません。これから先も時代の要請に応じて産業構造は常に転換を余儀なくされていくことでしょう。しかし、モノの豊かさを追求していく社会の行き着く先が３Ｋ労働を疎外するシャーレの中の暮らしであるならば、そういった暮らしの先に見えてくるものは、社会そのものの崩壊である——と、言ったら、それはあまりに言い過ぎでしょうか。

過去、筑豊の歴史には数え上げればきりがないほど暗い影がつきまとってきました。しかし、地中深くに眠る燃える石を掘り出すために、〈共死〉という極限の労働の中から生まれた〈共生〉の文化は、元女坑夫のお婆ちゃんたちが運び出した黒ダイヤ以上に美しく、なにものにもかえがたい人間としての輝きを放っているのです。それは決して過去のことでもなければ、九州の一地方のことでもないのです。新しい世紀を生きようとする私たちにとっても、闇を導く一筋の光の糸を投げかけてくれていると思うのです。

このことについて、もはや私がこれ以上口をはさむ必要はないでしょう。それはこれから始まるお婆ちゃんたちの話が何よりも雄弁に語ってくれているのですから……。

目次

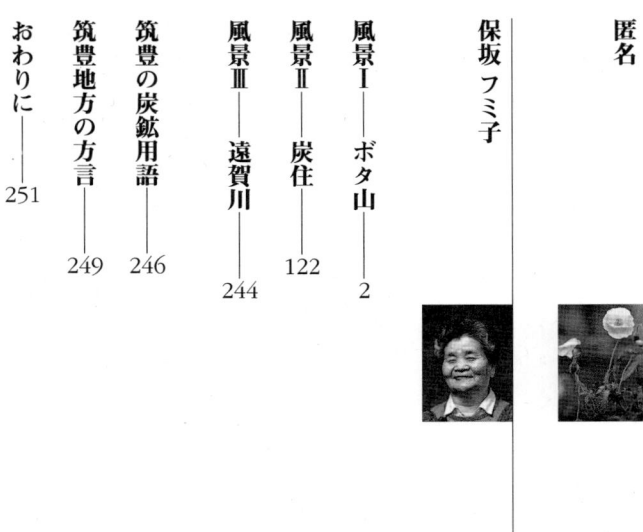

炭坑美人

――闇を灯す女たち

硬山《ぼたやま》の投影長き此の地帯を
遂に故里として棲みつきぬ
定本山本詞歌集より

能美　シズコ

「だいたい婆さん、あんた女《おな》ごな？　処女時代あったとな？」ち、人が聞くよ。男まさりにもなるくさ！　今んごと保険もなからな保護もない。そげな時代にお嬢さんのごとして、どうして家庭がたっていくですな？

ウチの一生ちゅもんはとても口や筆にはあらわされん。少々のことがあったんやき。ウチは学校へ上がった頃はテレ助やったと。人から「股の下をくぐれ！」ち、言われれば、黙ってくぐるげなテレーッとした子どもやった。顔もこげながめつい人相はしちょらんよ。丸顔で歯並びはようして、目は人形目ち言われよった。ほんと愛らしかったよ。それが世間をしだしてからは大ごとになっちょるとたい。人相もコロッと変わってしもーた。

だいたい生まれ落ちた時から父親はおらん。十四の年から坑内に下がって家の米ビツにされたかと思えば、あげくの果てに十七の時には親兄弟を助けるために身売りをしたと。二十三で帰ったものの、それから先、四十年間に亭主だけでも三人もって、その三人とも倒したんじゃけん。それも坑内で死んでくれれば銭にもなるが、銭になるげな死に方やないと。

坑内には娘時代もいれれば十六年は下がっちょるとたい。女ごが下がれんようになってからも炭鉱の寮はする土方の寮はするで、荒くれ男を四、五十人も使うてきちょるとやき。しまいには石川県の果てくれまで行った女ごたい。

ウチの弟たちにもよく言うとたい。

「オゥ！　姉さんはな、酒も飲めばタバコも吸うぞ！　ウチがお嬢さんのごとしちょったらお前たちは育っとらんぞ！　お母さんと一緒に心中するごとなっちょるとたい！」

弟は何も言わんよ。「姉さん、元気にしなよ。あんまり深酒しなんなよ」ち、言うてくれる。

「だいたい婆さん、あんた女ごな？　処女時代あったとな？」ち、人が聞くよ。そげな時は、「妙なことを言いなんな。お母さんの腹ん中にいる時から割れちょうか。そいき、最近なんかワレモンの下ん方にキンタマんげなまーるいもんが下がりようごとある。チィート男になりよるとやろう。サオを落として生まれてきちょるけん、ドテの上に生けようごとあるぞ」ち、そげん頓知で答えると。

男まさりにもなるくさ！　若い時から色気もクソもない女ごやき。今んごと保険もなからな保護もない。病気の親父は看なならん。そげな時代にお嬢さんのごとして、どうして家庭がたっていくですな？

ウチは遠賀《おんが》の川筋の生まれですたい。ウチの婆ちゃんが生まれた時、婆ちゃんのお母さんは産後の肥立ちが悪くて死んだわけたい。昔は今んごと粉ミルクなどない。乳がなからなどうもこうもならん時代やき、婆ちゃんはすぐ里子に出されたと。その乳里が炭鉱の、今で言うたら寮たい。昔は納屋《なや》ち言いよった。その大納屋の棟梁をしちょったわけたい。十八歳になったら実家に戻すつもりが、婆ちゃんちゅうのがそりゃーベッピンさんで、そこの小町と言われるぐらいやったと。そいき、実家には返さんでそこの独身もんと一緒にさせられちょるとたい。そいでたい、婆ちゃんの実家は倒れて母娘三代に渡っての炭坑太郎になったわけたい。

ウチが初めて坑内に下がったのは飯塚から山田へ来た時。義理のお父さんは病気になる。お母さんはお産が多《おお》して坑内には下がられん。十四の年を十六とごまかして志願したと。今の若い人は炭鉱ち言えば盆踊りの時の炭坑節しか知らんけど、昔の炭鉱の採炭ちゃぁ歌やら歌う暇があるね？　採炭ちゅうとは請け負いたい！　炭出す人たい！　今んごと机に座っちょけばなんぼちて銭が貰えるげな仕事やないと。「キサン！　オレの函に手でんかけよってみろ、足も手もないぞ！」ち、げなケンカ腰の仕事やった。炭鉱で歌やら歌えるのは坑外の選炭婦の仕事たい。ボタと炭をえり分けて、それこそ手仕事やき暇があるとたい。ところがウチたちはくさ、坑口から何千尺ちゅう地の底で仕事をするとに、もう熱うして裸でしよってもドットドット、汗がすだれんごと流れ落ちる。体中の皮をむくごとあるよ。そこに石炭の微粉がつきあげて、手拭を五枚ぐらい持ってってったっちゃぁ顔も拭かれんごと真っ黒になる。目と鼻があいちょるだけたい。空気もほんとの空気やなかろー？　いくら大きな扇風機が舞いよっても、坑内の空気ちゅうもんは息がされん時があるとやき。石炭の粉も相当吸うとるくさ。じん肺ちて、何年かたってから、吸った石炭が肺の中で固まって死んでしまうこともあるとばい。

採炭は「男は先《さき》ヤマ、女ごは後向《あとむ》き」ち、言いますたい。賃銀は男も女ごもない。五分、五分ですたい。ところが採炭は先ヤマよりも後向きの方が骨折りよった。先ヤマは孔《あな》刳《く》ってマイトをかけて炭を掘るだけやけど、後向きはその炭を曳き出してから函に積んで、捲立《まきたて》まで百間……二百間……三百間……うっかりしたら坑外まで出さなならんヤマもある。枠も大ヤマは金枠やけど小ヤマは木枠たい。この坑木《こうぼく》を運ぶとも女ごの仕事やった。低い坑内の中をシリにかろうて手を巻き付けていかなならん。年をとって神経痛にもなるはずばい。

支那事変（日中戦争）に入ったのはウチが嫁さんに行って間なしじゃった。戦争中は憲兵が炭鉱に来てはさかんに追いかけ回すとばい。「戦争に負くるぞ！　炭出さな！」ち、げなふうたい。そいでアンタ、米はなんぼも入っちょらん、大豆と菜っ葉を混ぜたのを食わせてばい、坑内から上がってくれば真っ黒なままご飯も食べさせんで訓練たい。バケツの訓練、竹ヤリの訓練。二時間ぐらいさせられるとばい。あの時代は戦争に行ったもんも残酷な目に遭《お》うちょるけんど、行かんもんもそりゃぁひどいことをされちょるよ。そいで「月に二十五方下《かた》がれ！」ちゅう。二十五方ちゃぁ満勤ばい！　たまったもんね。今なら寝っちょってもご飯がでくるけんど、昔は火から起こさなならん。洗濯も毎日せなならん。炭塵で真っ黒に汚れて、二度と着ていかれんごと汗でビッショリになっちょるとやき。訓練が終わって買い出しに行って、ご飯を食べて洗濯をしてヤレヤレやっと寝れるばい、と思うた時は十二時たい。そいで朝は三時に起きんと間に合わん。寝る間もないとよ。

下関へ行ったのは、ウチが十七歳の時やった。昔の十七歳やき、どげなとこかもわからん。ただそこへ行けば親の加勢がでくるちゅうげなことしか頭においちょらんよ。ウチが腹に入っちょる時、お父さんに捨てられたお母さんになんとか楽をさせたいち、それが一心にあったと。ところが行ってみてたまがった。義理の親父にだまされたと思うたよ。そいき、金を借《か》ってきちょるきもうしょうがない。米一升が十七銭の時代に三百円ちゅう銭が出たとよ。男が一日坑内に下がっても一円五十銭ぐらいしかならん時にばい、その三百円をそっくり親に持たしてやったと。まだ未成年やったき、親も警察から意見されちょるよ。「どげなわけで娘を売るか知らんが、これを粗末には使うなよ」ちてね。けど、粗末には使うとらん。そのお金で二階建ての大きな家を買うて、親に食堂するごとさせたとやき。十七歳のまだ色気もクソもない時に、自分で道楽したとやない。親兄弟のためにウチが一人犠牲になったと。

身売りをした下関の店の客筋はよかったですたい。遠洋航路の船乗りばっかしで、泊まりがけやないと客をとらんとこやった。そいき、客は一日一人でいいと。宵の口から翌朝まで女ごを抱いて一日五円。その五円がまたたいしたもんやった。そうやろが、こげな大きなドンブリに素うどん一杯が五銭。どげん腹が減っちょってもくさ、十銭がとこ食うたら腹いっぱいになる時代やき。

坑内では先ヤマと後向きは五分五分に取りよったが、ここではウチたち女ごが四に楼主が六。この四分の中から衣裳代から化粧代まで全部出さなならん。売れん女ごは残らんどころか借金を食らうとばい。

ウチが下関へ来たとが九月一日。ところがそれから一カ月もたたんうちにウチは足が立たんようになってしもーたと。右足の足首が腫れ上がって動かすこともでけん。近くを人が通れば、その響きでうずきよった。下関へ来るまでの三年間、坑内の力仕事で使うてきた足が、だまし使わんごとなって筋のより戻しがきちょるげな。医者に聞けば三年半ちゅう診断がおりたと。この太い足が線香のごと細くなったとよ。「さぁーこれから」ちゅう時に三百円かけた女ごが客をとれんとやき、楼主も残酷に扱うとが本当ばい。あんどん部屋に入れられて、風呂にも入れん。体を拭いてくれるもんももちろんおらん。ご飯を三日も運ばん時がありよった。ウチは犬のように階段を這《ほ》うて降りては台所の隅で隠れるごとして食べよった。

自殺をしようと何べん浜辺に立とうと思うたかしれん。天井からぶら下がろうと思うたこともある。そいき、足が立たんき自殺もされん。同僚に「ネコいらずを買うてきてくれ」ち、頼んだがやっぱり買うてこんわな。三百円の借金がすぐに倍近くに膨れ上がったと。「苦しんどるき、いっぺん来てくれ」ち、ウチはお母さんに何度も何度も手紙を出しちょるとたい。ところがなんぼ出しても返事のへったくれもない。そん時はさすがに親を恨んだばい。金さえ貰ってしまえば親子でもこげなもんか。ウチは恨んで恨んで恨み倒したばい。「見よってみぃ！　ウチは育ててもろーただけのことはしたんじゃから、もう親もクソもあるか！　万一この足が立っても、もう二度と親には振り向かんとぞ！」ちてね。

親にも頼れん。自殺することもでけん。ウチは裏の丘の上にあったお堂に向かって一生懸命床の中で願をかけたんたい。すると、人間の一念ちゃぁ恐ろしいもんばい。「神様なんおらん」ち、言われんよ。それからしばらくしてお母さんがやって来た。もう親もないと諦めちょった時やきクソんごと言うちゃろーと思うて、「今ごろ何しに来たとか？」ち、ウチはお母さんを睨みつけて言うたよ。そしたら、「とにかく腹をかかんで聞いちょくれ」ち、お母さんは言いよった。山田は炭鉱町やき、郵便配達の人が炭鉱ばっかし回って探しよったげな。まさか食堂をやっちょるとは思わんやったと。それとウチの願かけが通ったんじゃろう。ウチがお母さんの夢枕に立ったちゅう話ですたい。ちょうどその日の朝に、郵便配達の人がこれまでの手紙をいっぺんに持ってきたげな。お母さんは、ウチの涙の出るげな手紙をひっ掴んでからくさ、そんなりの姿で来ちょるとたい。それを聞いてウチはお母さんと抱き合うて泣いたばい。その晩だけはお母さんと一緒にぐっすり眠ったと。

お母さんが帰ってから間なしに、三年半ち、言われてぃた右足が少しずつ動けるようになったとです。「今に見よれ。もう楼主や客にもヘコヘコせんぞ！」ちて、もとが炭鉱あがりやき、力は強いし骨も太い。酒もその時おぼえたし、度胸もついた。楼主には反駁する、客はふんづらかすで、しまいにはあばずれになったと。

病気のおかげで三年の年季が六年になり、二十三歳で山田に帰った時は、「シィちゃん、昔はきれいな顔をしちょったが、なしそげん変わったとか？」ち、言われるぐらい人相もコロッと悪うなっちょった。

山田に帰って、ウチは二十三年目にして実の父親に初めて会うたと。「おまえの顔にそっくり」ちて、お母さんから聞かされちょったき見た瞬間父親やと思うたばい。「俺がおったら身売りやらさせちょらんやったが……」ち、言うたけんど間に合うもんか。ウチはこのお父さんから、ご飯の一杯も食べさせてもろーとらんとやき。

ウチが一番うれしかったことは父親に会えたことよりも、幼なじみの平野が待っちょってくれたことですたい。「だれが平野の嫁女《よめじょ》になるとやろーか?」ち、言われるぐらい平野はそこの炭鉱で評判の男やったと。ウチは下関に行く前に「こーして親の事情で行かなならん」ちて、平野にだけは打ち明けたと。そしたら平野は男泣きに泣いてくれよった。その平野がウチのことを待っちょってくれたと。ウチも苦労した甲斐があった。晴れて所帯を持った時、ウチが二十三で平野が二十八やった。

ところが所帯を持って一カ月もたたんうちに後添いのお父さんが死んでしもーた。そん時、下の弟が高等一年で、今大阪にいる弟が小学一年。一番下の妹はまだ赤ちゃんやった。そいき、下の子たちが育つまでは嫁に行った先から加勢せなならん。ところがウチがなんぼ加勢してもお母さんはむげなかった。そいで二言目には「おまえは子を持たんき親の恩がわからん」ち、言うとたい。ウチもしまいには腹かいて言いよった。

「いつまでウチを食いものにすれば気がすむとかっ! あんた、あげなところへ五、六年行ってきてみい! お祭り騒ぎに行ったんやないとぞ! あんたは親、親ち言うけんどあんた一人が親やないとばい。子を持った人はみんな親ぞ。女の道を教えてくさ、長持ちまで持たせろとは言わん。タンスのひとつも持たせて嫁女にやるとが本当やろうもん。それをしてから親ち、威張るならいいばい。何一つせんで、ただただウチを働かせて、あげなところへ娘を売って、そいで親ちゅう。前の家は十四人も子ども産んじょるばい。それでもあんた、一人でも子どもを売っとるか? 子どもを持たんき親の恩がわからんちゅうが、ウチに子どもができんごと誰がしたか? もしウチに子どもがおったら、あんたの加勢をするどころじゃないとぞ。ウチはたいがいを犠牲にして親のために家を二軒も建ててやっちょるとぞ。それでもあんたは親か? 親やったら鬼のような親ばい!」ち、ウチは一気に言うたよ。

そしたら、お母さんは近くにあった赤レンガを振り上げた。

「ほーっ、ウチを叩くとか? 親が子を叩くとは罪になるまいき、片端でんなんでんせんか!」

ウチは丑年やき、丑根性ちゅうたらちょっとひどいばい。

それも同じ丑でも荒丑の方やろう。お母さんは午《うま》年やったき、午では荒丑には歯がたたん。

「シズコさん、あんたには負けました。あんたとケンカしちょったら商売がでけんきもう今日は帰ってください」

「なーん言うか。今日は一日商売させんぞ。この店はオレが建てちょるとやないか！」ちて、店の酒をゴンゴン飲んで一日どまぐれたことがある。お母さんはそげん激しい人やったき、ウチも言わなもてんやった。ウチは婆ちゃん子で婆ちゃんに育てられとるとやき、婆ちゃんが死んだ時は涙が出よったが、お母さんが死んだ時は涙が出らんやった。


お母さんは、どまぐれの博打打ちばかり持ちよった。仕事はせんが、持つたんびにタネがつく。ガスで死んだ弟が生きちょれば五つタネたい。ウチもその後スジをひいちょるとやろう。四十年間に三人もったとやき。人の一代分にも足らんごとある。

平野はタバコも吸わん、酒も飲まん、ナベ干さずの男やったが、それもハナの四年だけ。十七年つのうたが、そのうち十三年は寝たきりやった。柿にあたって胃がせいて、それがもとで心臓が弱り急性肺炎になったと。「一週間もてばいい」ち、言われたが、それでも元気になった。その時坑外の仕事をさせちょけばよかったんたい。坑内ちゅうとこは朝発破をかけたら晩までその煙が出らんちゅうぐらいのとこやき、気管をやられて咳が出るごとなった。しまいには肺にくもりがでてコロッといってしもーた。

二番目の親父とは十一年。この親父は悪さやったたい。そのかわりやり手やった。そりゃーいい時はとことんいい目に遭わせちょるよ。ウチは女中さんを二人も雇うてもろーたことがあった。そんかわりもうでたらめ。あげくの果てには戸板に乗って死んで帰ってきたばい。つかみあいのケンカをして頭の骨が折れちょるとたい。最後の爺さんとは十二年。この爺さんもウチと一緒になってから目が見えんごとなった。ウチが手を引かな歩くこともでけん。死んだ時も三分ぐらいしかかからんやった。救急車も間に合わんと。

そげなふうでウチはとにかく男運が悪いと。娘時代に下関で男を泣かしてきちょるき、その罰が当たったとやろう。そいき、いい思いをしたこともあるとやき、愚痴を言うたっちゃぁしょうがない。今は近くの老人センターへ行くとが毎日の日課たい。こげな女ごやきウチが行かな賑わわんと。男連中がよく言い寄ってくるばい。

「あんた、使わなもったいないき、たまには貸しない」

「うん、そりゃーいいばい。今あいちょるき不自由なら貸すぞ。そいけん、ウチ方の爺さんがいい手本じゃ。ウチのは口がきんちゃくで中がタコやき、口では絞める中へ入れたら吸い付くで、爺さんが長うせんで目にきちょろーがぁ。そいき、あんまり道具がいいき目さくるごと覚悟してきない」

三人目の爺さんは乱視で一人で歩くこともでけんかったことをみんなも知っちょるわけたい。

「あんた、そげないい道具を持っちょるとな?」

「そうくさ。目にくるぐらいやき、ウチもこの年になって罪を作りとうないたい」

そげなふうで男連中もウチには往生しちょるよ。

「婆さんはエッチやきなぁー」ち、みんな言う。そいき、エッチ言うたっちゃぁ人の悪口を蔭でコソコソ言うよりいいばい。シモの話をして腹かくもんもおらんとやき。

そげなバカ話をしても、ようよう夜も寝られん時もある。

「あんなこともあった、こんなこともあった」ち、思い出すばい。とにかく苦労から苦労が重なったきね。酒もよう飲んだ。焼酎を一日一升五合ぐらい飲みよったよ。飲み過ぎて二、三べん血を吐いたこともある。朝起きて迎酒を五勺《しゃく》ぐらいキューッと飲むんたい。すると胸がスーッとする。

男ともようケンカをしたばい。ここまで命を取られんでようのしてきたと思うよ。

「なんや? おまえから二つとどやされるげな女ごやないとぞ! どっからでんいい、やってみらんか!」ち、げなふうたい。そんかわり、こっちも懐に出刃包丁を差し込んでいきよった。こまい時は、あんまり物も言わんで人の股の下をくぐっていたテレ助が、しまいにはそんぐらいの度胸がついてしまったと。

「おまえは女ごで幸いやった。男やったら監獄の二、三べんは行ったじゃろう」ち、お母さんもよく言うたばい。そいき、向こうから言われたら言い返すぐらいの気持ちを持っとらな昔の炭鉱はやっていけんやったと。

ケンカはようけしたけど、人から指をさされるげなことだけはしとらんと。人にも言うとたい。なんぼ貧乏したっちゃぁ、人の恩義を忘れんで世のなか正直に渡らな!「正直は馬鹿なうち」ち、言いよるけんど、そげなことはないばい。情けない時に助けられたことを忘れんで生きよったら、だいたい人生悪いようにはならん。ウチがそれで一代通ったんじゃからね。

［のうみ・しずこ　一九一三（大正二）年七月一四日生まれ］

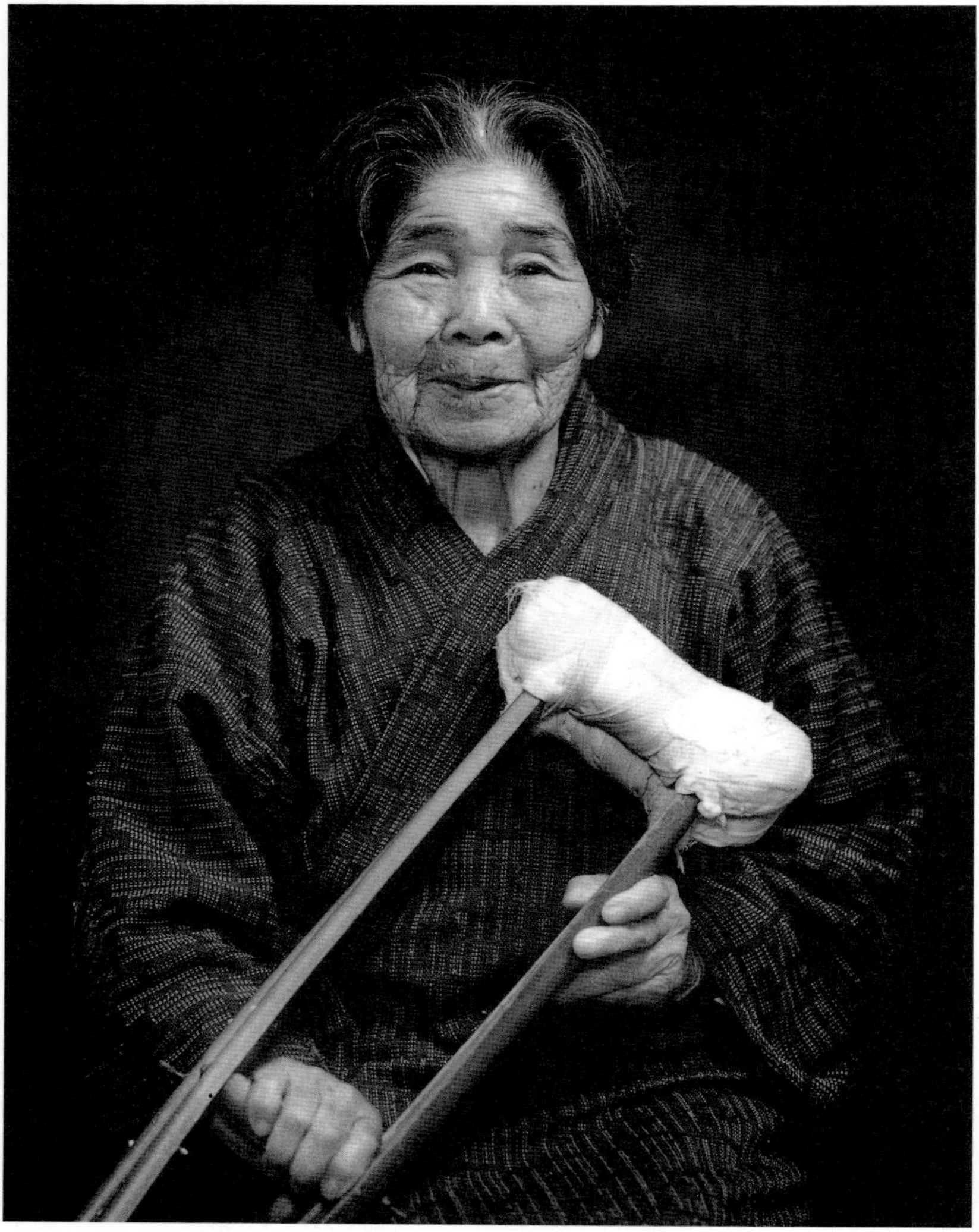

原田　ツマ

戦争に負けてアメリカの時代になって、
もうこれで明日から坑内に下がらんでいいと思うてワシは喜んだばい。
女ごは坑内なん下がっちゃぁならん！
「一銭でも余計に炭を出さな！」ちて、欲が出るきね。ほんに罪をつくるばい。

ワシが生まれた時からお父さんなんおらんよ。お母さんのおなかに入っちょる時にどこかに別れていったらしい。それがワシが五つになった時、ことわりを言うてまた戻りよった。九つの時、お父さんは牛の背中に麦を一俵がとこ背おわせて市場に売りに行ったんたい。ところがそのまま帰らんと。後から話を聞けば、帰りに友達に会うちょるとたい。あん頃は博打がようありよった。ウチのお父さんは人がよかったんたい。友達にお酒をたくさん飲まされて「今度は丁が出るぞ！　今度は半が出るぞ！」ちて、どまくらかされちょるとたい。「うん、そうかね。なら丁でいこ！　半でいこ！」ち、げなふうで、麦を売ったお金も牛やらも、なんもかんもインチキ博打で取られてしもーたんたい。

そん時、爺ちゃんはもうだいぶの年になっちょろう？農業をしよるとに牛がおらんごとなったらそげな年寄りには百姓仕事がされんとたい。そいき、お父さんは家に帰りとうしても帰られん。そのまんまどこかへなぐれていったらしい。とうとう最後まで会わんずくたい。

その年、お母さんは具合が悪うなって、ずーっと寝たまま起ききらん。ご飯も抱えて食べきらん。そいき、ワシがお母さんの代わりに坑内に下がって働かんことには食べてはいけん。九つちゅうてもワシは早太りに太って、もう大きゅうなっちょった。ワシは毎朝三時に起きてはご飯を炊いて、片ひらの手で小さいおにぎりを三つ握って、お茶を入れた湯呑みと一緒にお母さんの枕元に置いちょくと。そーして夜が明けるとお母さんの短いお腰と猿股をはいて、日向峠《ひゅうが》を越えて伊原の炭鉱まで行きよった。

途中に大きな川がある。その川を橋さにまわれば遠いいとたい。だいぶ後戻りせなならん。そいき、ワシは川の中を渡って行きよったよ。それを見て人はたまがった。ワシが川に足を踏み込もう？ そしたらチャボチャボチャボチャボちて、イタチもたまがって逃げよった。冬なん川の水は冷たいけんどが、アンタ！ しょうがあるもんか。足は素足に草鞋《わらじ》ばい。

そこの炭鉱の坑内はまだ浅かったき、火はカンテラに据え火でよかった。それでも息は苦しいごとある。天井のたーかいヤマなら立ち担《にな》いでまわらるる。ところが這《ほ》うてまわるげなひーくいヤマはセナで坑口まであげなならん。坑口にはバラスちゅうて、竹を割ってまーるく編んだ籠が座っちょる。普通は一トンバラたい。一トンバラでも畳二枚ぐらいの大きさはあるとばい。高さはワシのヘソぐらい。炭を下腹に抱えて入れるとやき、そげん高さがあったら入れきらん。そのバラに山盛りいっぱい石炭を入れれば「バラ一本！」ちゅうわけたい。他にまだ二、三べん担うて横に移しちょったら「一本一合！」ちてね。バラをいっぱいにするには、やっぱー二十ぺんも三十ぺんも上がり下りせななならん。そーして自分の思うしこ仕事ができたら先《さき》ヤマさんに、「お母さんは病気で寝たきりやき、早う帰らなおしりが濡れて可哀想。そいき、これっきりで帰るばい」ちて、たいがいはお昼ご飯を食べてちょっとしたら帰りよった。

時には遅くなることもある。炭を掘り進んで行くとドンが出る時があるんたい。銭にならん石ですたい。そのドンを刳り貫《くぬ》けばまた向こうに炭がある。「あー、そこまちっと切っとくれ。そうすれば炭に着くばい」ちて、ドン刳りする時にゃぁ夕方の五時にも六時にもなりよった。そんな時はカンテラをとぼして帰るんたい。

ワシは九つの時から女ごがいよいよ下がられんごとなるまで、なごーう坑内で働いてきよったが、事故に遭《お》うたことはない。そいき、やっぱー炭鉱は大勢死によった。函ヤマやったら男はたいがい函に乗って上がりよる。女ごは肝が細いき、たいがい函には乗りきらん。ある時、先ヤマの男が後向《あとむ》きの女ごと上がってから逃ぐるハンゴやったげな。その女ごは人の嫁女ばい。今でいうたら駆け落ちたい。男は函に乗って、女ごが上がってきよるか気になって後ろを振り返って見よったと。ちょうどそん時、荷がかかって天井の枠が折れ下がっちょる所があったんたい。函が上がりよるとに男は女ごに気を取られてそれに気がつかん。捲《まき》はどんどん巻き上げる。その先ヤマはとうとう函の縁と枠とに挟まれて、首がちぎれてしもーたと。そーしてあの世に行ったんたい。ほんに哀れな死にようやった。坑底に血がダラダラ流れてきよったばい。

坑内に長う下がれば、事故には遭わんでもやっぱー肺やら心臓やらが悪うなる。ワシも坑内をやめてから一時くーろいタンが出よったばい。この間も喘息《ぜんそく》で息がされんごとなって救急車で運ばれたんたい。そいでレントゲンを撮ってもろーたら、たまがったぁ！　アバラの骨のところが真っ白うなっちょる。そん時ワシは「息が苦しいき、死ぬる注射を打ってくれ」ち、言うたんたい。そしたら先生が「ばぁ、婆ちゃん！　そげん言わんでも治るばい」ち、言うてくれたと。今は薬を毎日飲んじょるき、胸の方はだいぶいいと。

今、思い返しても、昔の坑内はいやらしいばい。そいけんど今度の戦争で日本は負けちょろう？　アメリカの時代になって女ごは坑内に下がることができんごとなった。ワシは喜んだばい。もうこれで明日から坑内に下がらんでいいと思うてね。そいき、日本は戦争に負けて本当によかった。女ごは坑内なん下がっちゃぁならん！　「一銭でも余計に炭を出さな！」ちて、欲が出るきね。ほんに罪をつくるばい。

［はらだ・つま　一八九八（明治三一）年九月二一日生まれ］

西嶋　ヒサエ

ガス爆発で死んなった人は、どげんもこげんもない。広島と長崎に落ちた原子爆弾にでも遭《お》うたようにな、ジリジリジリジリ焼けちょると。死体を人車に乗せていくつも上げよんなったよ。むごいもんたい。

ウチは十四歳の時に地の底を四つん這いになって這《ほ》うたとばい。アンタ！　知っちょるね？　昔の小ヤマを。穴ん中に入って、テボをかろうてスラを曳いてな。そいで、どうやらこうやら志願のでくる年になって麻生の綱分《つなわき》炭鉱に下がったと。今の仕事は機械がするとやき、昔と比ぶればなんごとないばい。百姓仕事でん、土方仕事でん、天と地ほど違う。昔は人間の手と足だけですばい。もう今はあげな仕事をするもんはおらん。「馬鹿らしい」ち、げなふうでな。

ウチは庄内村の綱分ちゅうとこで生まれたと。生まれた時から両親は炭鉱で働いちょった。家はやっぱり貧乏で、親は何人も子どもをつくるき、こーまい時からヤヤの守りばっか。一番上やったき、学校ちゅう学校もやりきらん。

坑内に下がりよる時、「ボン！」と岩が頭に落ちてな、耳の鼓膜が破れたと。頭をやられちょるき、もうつまらんとたい。ガス爆発に遭うたこともある。そん時、ウチは二番方やき助かっちょるとたい。ガス爆発で死んなった人は、どげんもこげんもない。ちょうど広島と長崎に落ちた原子爆弾にでも遭うたようにな、ジリジリジリジリ焼けちょると。死体を人車《じんしゃ》に乗せていくつも上げよんなったよ。むごいもんたい。

ウチが嫁さんになったのは、女ごが坑内に下がられんごとなった年やから二十四の時。お父さんの従兄弟《いとこ》になる人が大工の棟梁をしておって、そこへ四国から逃げて来ちょんなる人やった。三年間一緒に暮らしたが、ちょうど棟上げの日が雨降りで、足を滑らして死んでしもーた。ウチは冷え症でな、子どもが腹に宿りきらん。子どもができんき、「お大師さんにでん参ったらでくるげな」ち、言いよった頃やった。

　今は足が痛いで一切そうつかん。一日中部屋の中にいていよいよ動かんきね、相手にするもんもおらんと。耳は遠ーして頭は悪ーしてな、目はいっそう見えんごとなった。去年より今年はなお悪い。一年一年弱るきね、ほんと情けないごとある。こーまい時から坑内に下がって無理がいっちょったんやろーねぇ……。でも、あん頃が一番なつかしいよ。マイトの孔《あな》を刳《く》る時なん、歌どん歌うて楽しかったよ。まぁ、愚痴を言うたっちゃぁはじまらん。一日でも元気にせな。あんたも元気で暮らしない。

［にしじま・ひさえ　一九〇九（明治四二）年一月一〇日生まれ］

久保 ウメノ

八つの時から坑内だけでも三十年。
炭鉱の仕事ちゅうたら好きぐせ好いたごとしてきよりました。
閉山後は失対*やら労働運動やらもしよりましたが、
そげなんは忘れても炭鉱の味だけはどげなことがあっても忘れきらん。

私はねぇ、八つの時から坑内に下がりました。その年、お母さんが亡くなったもんやから、「家に置いちょっても男の子ばかりの兄弟やき悪さする」ち、げなふうで、お父さんが私を腰ぎんちゃくのごとして坑内に連れてまわりよりました。お父さんは広島の人で下関に出て船大工になっちょりましたが、そん頃の炭鉱はとっても景気がよかったですき、「こげなところで大工をしよってもつまらん」ちて、遠賀《おんが》に下って炭坑太郎になったわけですたい。そーして、炭鉱ではもっぱら坑内大工の仕事をしよったとです。「ウメノ！　スリッパ持って来い！」ち、お父さんから言われれば、私はそれを肩にひっかけてジョイジョイジョイジョイ運んでいってお父さんにあげるの。するとお父さんは、それを車道の下に敷いて修繕しよった。スリッパちゅうとは車道の下に敷く枕木のことですたい。子どもの頃はそげな手伝いをずーっとしよりました。

坑内に下がりたての頃、私は一晩中水の落ちるところにおったことがあるとです。途中でカンテラの火が消えたもんやから、サッササッサお父さんのところへ戻ろうと思うたけんど網の目んごと張り巡らされた坑道の、どこに迷いこんだのか道がわからん。明けの朝ポンプ方のおいちゃんがやって来て、私を見つけてたまがっちょる。

「おいちゃん！　ウチやがぁ」
「お、お、おまえ……なし、そげなとこにおるとか？」
「カンテラの火がプーち消えたきなぁー。マッチを持っちょらお父さんから怒らるる。そいき、火をつけきらんきここにおるとばい」

「お、おまえ、夜通しここにおったと？」

「おったとばい。おいちゃん、見てみない！　ネズミがウチの足をかじっちょうばい」

「こ、このばかたれがぁ！　食い殺されるど！　お父さんなん探し回っちょろうもん」

「探し回っちょろうけんど、お父さんもここまでは来きらんたい」

「お、おまえちゅうやつは……どげしてくれようかねぇ……ほんなこつ……」

　坑内でカンテラの火が消えようもんならもう真っ暗闇。なーんも見えん。八つやそこらの子どもやき、坑内のことはまだなーんもわからん。肉の匂いがするもんやき、足はネズミに食われてしもーて皮がむけちょった。結局そのおいちゃんが私をひっかろうて笹部屋《ささべや》まで連れていってくれたと。お父さんはびっくりして飛んできよった。

「ウ、ウメノ！　坑内で迷って死んだらどげするか？　探そうちても探されんとぞ‼」ちて、そりゃー怒りなったよ。


　ようよう坑内にも慣れた頃、小頭《こがしら》の人がお父さんに「ウメノに採炭をさせるとなら、おまえが大工をするかたわら炭を掘って教えてやれ！」ち、言うてくれて、私はお父さんから採炭のイロハを教えてもらいました。そん時、私は十二歳になっちょりました。籠の前・後ろに石炭を入れて、卸《おろ》ちゅう、こげな坂のある所を担《にの》うて上がったとです。そん時の傷が私の背中には未だにあります。

　十三歳になってからは他人の後向《あとむ》きに行きよりました。小頭が、「ウメノ！　おまえねぇ、いい後向きになれよー。他人様に嫌われんようないい後向きになって一生懸命がんばれば一代やっていかるるとぞ」ちて、言うてくれよりました。そうしよったところ、畳二枚ぐらいのボタが上から落てきたとです。そん時も、お父さんは飛んできよったが、ボタの下に埋まって私の姿形はどこにもない。「……もうウメノはしまえたき……そのままにしちょいてくれ。俺が、一人で片付けるき……」ちて、五人おった子どもも次々死んで、そん時には私一人しか残っちょらんやったとです。その「たった一人の子どもも死なせてしもーた」ちて、お父さんはそりゃーガッカリしよったげな。ところがボタの中に金《かな》テコを突っ込み枠の突っ張りを持ち上げたら、ケガひとつない私が出てきたとです。私はちょうどスラと突っ張りのわずかな隙間に入り込んじょって助かりました。そげなふうで、私は娘時代に三度死にぞこのうたことがありました。

私はガスには遭《お》うたことがありませんでしたけど、大好きなあんちゃんをガス爆発で亡くしちょります。お父さんを頼って炭鉱に出てきた人で、長いこと一緒に暮らしよったが、奥さんをもろーて家別れをしてすぐの頃やった。「ガス爆発があったぞーっ！」ち、だれかが大声でおらびよる。「どこな？」ち、私が聞きよると「五片《かた》ばい！」ちゅう。「五片……？　なら、すぐ行かな！　あんちゃんがガスに遭うちょるばい！」私はすっ飛んで行きよった。するとあんちゃんは坑口で真っ黒こげになって倒れちょんなった。私は持っていった手拭であんちゃんの顔を拭いてやろーとしたら、「拭くなーっ！　焼けちょるとに顔拭くなーっ！　拭いたら顔がくずれてしまうとぞー！」ちて、まわりの人が言いよんなる。私は拭かれもせん真っ黒な顔に向かって、「あんちゃん！　あんちゃん！」ちて、おらんだら、何か返事はしよるがようとは聞こえん。「あんちゃん、大きな声を出して言ってみない！　オレがきちょるとぞ！　ウメノがきちょるとぞ！」ち、耳元で叫ぶけんどもう返事はない。すぐに担架で運ばれよったが、そのましまえてしもーた。

私はその人のことを実の兄のように慕って、いつも「あんちゃん、あんちゃん」ちて、後をついて回りよったとです。吉田から折尾《おりお》まで、二人でよく走りよったよ。私は人に負くるとが好かん。ハァハァハァ……息があがるけんど一生懸命走るんたい。そうするとあんちゃんは、「おまえ、どうもないか？」ち、いつも聞きよった。「どうもないばい」ち、答えると、「心臓が強いねぇ、おまえは」ち、驚きよった。「お父さんが待っちょるき、はよ帰らなのう」ちて、言いながらも、私の手をひいてウッツリウッツリ帰ってくれる。そーして駄菓子屋の前まで来たらラムネを何本も買うてくれるんたい。「あんちゃん、そげんラムネばっかし飲まれんばい」ち、言うたら、「なら何か食うか？　お菓子がいいか？」ちて、お菓子をどっさり買うて、ひとさげ持って帰りよった。私は未だにそのあんちゃんのことは忘れきらんとです。

お父さんが走り函に打たれたのは、私が十七歳の時でした。「危なーい!!」ちて、おらぶのと函が来るとが一緒やったげな。アバラの骨が全部折れてペシャンコになって死んじょりました。家から坑口まで栈橋がありよりましたが、その栈橋をどげして渡っていったのかわからんやったとです。夜中の二時のことでした。夜が明けて警察が来よったが、お父さんをそのまま地面に置きっぱなしにして昼近くまで何やら調べよる。私は、しまいには腹かいて怒鳴りだしたとです。「あんたたちは、ウチのお父さんを腐らしてしまうとかーっ！」八月五日の暑いさかりのことやった。

五人おった兄弟はみんな早くに死んでしまい、あんちゃんと実の兄のように慕った人はガスで亡くし、お父さんも函に打たれて死にました。私は十七歳で一人ぼっちになったとです。そいき、人の言われるままになって十九歳の時に結婚しました。それが「よく働く男」ちゅうき、働くかと思うたら、なんが働くか！　女ご遊びばかりして働くどころのさわぎじゃぁない。子どもは四《よ》つたりできたが、できるたんびにどまぐれる。私が一人で坑内に下がって六人ぶちを食わせていきよりました。

結婚した当初は一緒に下がりよったが、私は八つの時から坑内に下がりつけちょりますき、オヤジよりなんでん数段上手ですたい。オヤジは男やき力がある。そいき、真ん中から掘っちょいて両方からマイトをかければ炭がでくるげな腹でおる。ところが私は端と端を掘っちょいてから真ん中にマイトをかける。それで坑内で大ゲンカですたい。オヤジが腹かいて、「ツルを打ち込むぞーっ！」ちゅうた時は、もう私のツルがオヤジの股ぐらめがけて飛んじょるとたい。オヤジはたまがってカンテラ下げて逃げて上がりよった。そのオヤジに小頭が、「おい、どげしたと？」ち、声をかける。

「今日はうちのカカアの機嫌が悪いきもう上がるばい。一人でほったらかしちょるき、後は頼むばい」

「頼まれんけんどのう、おまえのカカアは親を早くから亡くしちょるき気が短いとだけが悪いとたい。そいけんど人間は本当に上人間ぞ。理屈は言いきらんけんど、することなすこと、なんでんおまえより一段上手ぞ。ほんに話を聞きよったら可哀想なごとある。それをおまえが馬鹿にしよったら罰があたるとぞ」ちて、小頭はいつも私をかばうてくれよりました。

坑内には風呂よりも熱い湯が流れよるところがあるとです。そげな切羽《きりは》は手拭も醤油につけたごと真っ黒うなって、男は辛抱しきらんですぐ上がってしまう。女ごは男と違うて欲が出ますき、いったん坑内に下がった以上は一人残されても何函か積まな上がられんとです。一函六十銭ですき、三函積めば一円八十銭になる。これで今日と明日は食べらるると思うて、一銭でも余れば子どもになんとかしてやろうと思うんですたい。ところが男はそうじゃぁない。坑内から上がれば飲んだくれて、金があったらすぐ博打。さんざん遊んだあげく家に帰ってもすぐにメシが食われんちゅうごとなったら、お膳をひっくりかやしては手当たりしだいに物を投げつける。見かねた近所の人が言いよった。

「アンタ！　かあちゃんが坑内から上がっていま食べ事しよるとに、メシを食うごとなっちょらん！ちて腹をかくとは、チィート行き過ぎちょらんな?」

「そりゃーそうかもしれんけんど、俺は腹がへっちょる！」

「アンタ！　よう考えてみない！　女ごも働いちょるとに子どもを風呂のひとつにも連れて行かんで、酒を飲んでは博打を打って腹が減っちょるとはなんちゅう言い草な！」

近所の人も私の味方をしてくれよった。そしたら今度は私の出番ですたい。

「こんガキャー、親がおらんと思うて馬鹿にしちょるな? キサマに罰が当たらんで誰に当たるかーっ！」

私はもう「あんた」とも言わん。「キサマ」ち、言いよった。

「文句ばっかこきよって、サァー見よってみい！」

私はオヤジを追っかけて土間に降りた時はゲタを握り、外さへ出た時にはオヤジめがけてぶち投げよった。そしたら、子どもは後から行ってそのゲタを拾ってくる。

「父ちゃんのゲタがあったばい」

「そこの溝の中でん投ぐうとけ！　父ちゃんに履かすことはならんとぞ！」

十四時間も坑内で働いて、上がってくれば食事の支度もせなならん。下の子どもはビーコビーコ泣きよる。オヤジはモリのひとつもせんで、どまぐれちょる。やっぱーどげな女ごでも癇癪まわすごとありますたい。

オヤジは女ごをつくって、その女ごの亭主から肩にヨキを打ち込まれたことがありますたい。私は寝ずに看病したが、なーんのことはない。姑さんたちは私がケガをさせたぐらいにしか思うちょらん。高みの見物でなーんもせん。私はすいませんけどオヤジを持ってからこっち、よその男に一遍でも振り向いたことはないんじゃから。女手一つで四つたりの子どもを太らかすちゅうたら、ほんに振り向くどころじゃぁないとよ。

オヤジはケガが治っても仕事はせん。私がさせんごと姑さんが言うもんやきなお始末が悪い。

「コンチクショウ！　こんガキは見よれよ！　最後の最後まで恨んで恨んで恨みちらかしてやる！　ろくな死に方はでけんとぞ！」ち、思いよったら、しまいには女ごと一緒に出て行ったと。それでも私は坑内をやめん。他人の後向きにいったら先《さき》ヤマに半分やらなならん。私は一人で坑内に下がって、一人で掘って一人で積んで上がりよった。そーしてオヤジが出て行ったのを幸いに、私は四つたりの子どもをオヤジの籍から抜いたとです。そしたら、「おまえの子どもばっかやないとぞ。俺の子どももおるとぞ！」ち、しかけてきよった。

「俺の子ども？　おまえの子どもなんおらせんがぁ！　子どもを太めたとは誰が太めたとか？　学校にあげたとは誰があげたとか？　おまえは自分を親と思うちょるとか？　ここはキサマの家やないとぞ！　一歩でんこの家に足を踏み込んだら、打ち殺すとぞ！」

腹かいた私はヨキを片手にオヤジを追っかける。それを見よった近所の人が止めに入った。

「止めなんな！　ウチのこのヨキはよく切れるばい。あんたたちに当たりよったら、あんたたちがケガをする。ウチを止めんで高みの見物をしちょきない！　あんちくしょうを叩き殺さなウチの気がすまんとやき。叩き殺せばウチは監獄へ行く。そいき、そん時はこまい子んとうは頼むばい」

もう、そげんなったら女は大将。また女ごがそうなからな、どまぐれオヤジを持ったあん頃の家庭はたっていかんと。


私が働いたとは小ヤマばっかしです。昭和二年、五年、七年、十二年と四つたりの子どもがおりますが、もうそん頃は小ヤマでなからな女ごは働くことができんやったとです。私は水巻《みずまき》が長かったですたい。吉田炭鉱ちて、そこに十年ぐらいおりました。それから高松炭鉱へ行って、粕屋《かすや》郡の炭鉱にも何年かおりました。一番最後は香月《かつき》の炭鉱でした。坑内だけでも三十年近く働いちょります。苦労しました。そいき、坑内のことを思い出すと未だにゾッとするですたい。

オカに上がってからも一番下の子どもはまだこまい。その子のモリを姉ちゃんがして、長男が蓮根掘りをして私たち親子を助けてくれました。博多にいる時は微粉をとってきては海岸に持ち出して裸足でそれを踏んでダゴを百個ずつこさえました。豆炭ちゅうか石炭の微粉でつくるダゴですたい。それを長男は学校へも行かんで町に出ては売ってきよったとです。そーやって家族の生活をたててきよりました。子どもがチィート大きくなってからは姪《めい》ノ浜《はま》の選炭に行きました。そん時の日銭が五十三銭。五百メートルぐらいあるコンベアーに入って、私は頭から顔からもう真っ黒。人に言うてもわからんですたい。姪ノ浜には港がありましたき、船に三百トンの微粉積みをしよったこともあります。四十人で朝までかかりました。そーやって夜も昼も働かなならん。あれに入りこれに入りで、炭鉱の仕事ちゅうたら好きぐせ好いたごと、せんごとはなんもないごとしてきよりました。

私は小さい時からお父さんにつんのうて坑内に下がって、大工の仕事やらポンプ付きの仕事やら、採炭もすれば仕繰《しく》りもする。男のせんげな柱を打ったり枠を入れたりして働いてきよりました。「炭鉱の仕事を本に書け」ち、言われたら、学校へ行っちょりませんき書きもしきらんけんど隅から隅までわかります。失対にも二十年、八十歳まで働いてきよりましたが、この年でそこの堤をぐるり伐採するもんはおらんやったとです。私は地下足袋ひとつあればどげなとこでも行きます。組合運動も先頭でしよりました。朝の八時に家を出て、夜中の一時か二時ごろ帰ってくる。そいで、明けの日の五時にはもう起きて仕事に行きよった。六〇年の三池闘争の、あげんとうも行ったですき、戦後は労働運動も一生懸命やりよりました。そいき、もうそん頃の話は忘れました。やっぱー私は小さい頃から炭鉱で太っちょりますき、炭鉱の仕事が一番いいですたい。もう八十三にもなりますけど、どげなことがあっても炭鉱の味だけは忘れきらん。

［くぼ・うめの　一九〇六（明治三九）年一月五日生まれ］

＊――失対　失業対策事業。八三ページの注参照。

秋山 サカエ

十八歳の時、ガスがあるところに下がりよったよ。もう幽霊のごとある。気がついたら目が片一方見えんごとなっちょった。字やらも覚えちょったが、ガスで頭をやられてみーんな取られてしもーた。

十八歳の時に、ガスがあるところにずーっと下がりよったよ。坑内で仕事をしよれば、カンテラを持ってあっちこっち、そうつこうがぁ。そん時、ガスを吸うちょうとやろーね。カンテラの火がシューシューゆうとったよ。もう幽霊のごとある。そいで倒れたと。倒れてから四日間はなんも覚えんやった。五日目に目が覚めたら今度は高熱が出て、体を氷でドンドンドンドン何日も冷やしたと。そーして気がついたら目が片一方見えんごとなっちょった。字やらも覚えちょったが、ガスで頭をやられてみーんな取られてしもーた。

ウチが初めて坑内に下がったとは十四歳の時。最初はお父さんの後向《あとむ》きで、それからはお兄さんの後向き。お父さんもお母さんも炭鉱で働いちょった。家は農業をしよったが、そん頃は農業ちゅうても米を五反ぐらいしか作っちょるめいがね。そいき、親兄弟はみんな坑内に下がりよったよ。

結婚したとは十九歳の時ですたい。親兄弟もおらん一人もんの人やった。子どもは五人産んだばい。子どもをつんのうて篠栗《ささぐり》にある炭鉱へ行った時は、大ヤマやないき託児所なんかはない。そいき、お父さんが一番ならウチは二番ちて、交代ごうたいで下がりよった。子どもを抱いて坑口で待っちょれば、お父さんが上がってこようがぁ。子どもをお父さんに渡して今度はウチが下がるとたい。

ウチは娘時代にガスで目をなくしたばってん、そげんして育てた子どもを一人事故で亡くしちょるとたい。そん時、たくさんの新聞屋さんが来よったよ。ところがウチの息子が勝手に死んだごと、会社に都合のいいごとばっかり書いちょるとたい。そいき、ウチはカンカンになって腹かいたたい。会社の役人が「あっちの現場行け、こっちの現場行け！」ちて、繰り込んじょってくさ、勝手に死んだちゅうことがあるもんね！　そん頃には労働組合がありまっしょう？　組合が随分助けてくれましたばい。二番目の息子で三十三歳じゃった。ガスで死んだと。天道《てんとう》の横のこーまいヤマでしたばい。

お父さんは子どもだけを頼りにしちょりましたき、「死ぬるとなら、俺が代わりに死んで子どもの命を助けてやった」ち、そりゃぁ男泣きに泣きなったばい。一番上の息子も、いま大牟田《おおむた》の炭鉱に行っちょります。そこもちょっと前に火が入って、何人か死んだ時がありましたたい。ウチはすぐに会社に電話しよりました。炭鉱はいつ何時、何が起こるかわからん。そいき、会社の電話番号だけはいつも控えて持ち歩いちょります。

坑内には十年以上は下がっちょります。その間、炭車《たんしゃ》に乗って死にぞこのうたことも二度三度とありますばい。それでも上の仕事より下の仕事の方を好いちょります。今はチョイチョイ草取りやら、掃除の仕事やらをしちょります。仕事ちゅうても拾い仕事たい。そいき、いくらかにはなるきねぇ。ウチたちは年金を貰いよっても「年寄りの金」だけやろー？　お医者にかかれば銭も払わなならん。入院したら食べ物代も払わなならんですきね。今はこうして着物を着て好きな踊りを踊るとが一番の楽しみですたい。

［あきやま・さかえ　一九一六（大正五）年六月一六日生まれ］

井手　コズエ

呑助《のみすけ》の爺ちゃんには苦労した。酒を飲んではゲッテンを出す。
お膳をひっくりかやしてはビンを投ぐるヤカンを投ぐるで手に負えん。
「さぁーケンカ！」ちゅうたら飛んで行きよった。
爺ちゃんがコロッと死んだ時は、ほんとヤレヤレと思うたと。

ウチはまだ目がいい。夜でも眼鏡をかけんずく新聞を読む。編み物をしたり縫い物をしたり、風邪をひいてもお医者には行かん。歯は一本しか残っちょらんけど歯医者にも行ったことがない。腰が曲がっちょりませんき、杖もつかんで一週間分の買い物を自分でしよる。そいで一円の釣銭も間違えたことがないと。二、三年前から耳がなんぼか遠いいけんど不自由を感じることもない。両親と神様仏様から丈夫な五体をもろーた。ほんと有り難いごとある。

生まれたとは……どこかね？　もう覚えんたい。だいたいが大任《おおとう》が本籍になっちょるとやが……。そいで、たしか五つか六つの時に山道を通って島廻《しまめぐり》へ来たとです。その頃はまだ藤岡炭鉱ちて言いよった。それから先は、ずーっとここばっか。ウチたちが一番古いと。坑主の藤岡さんが直々に村までお父さんたちを雇いに来たちゅう話ですたい。ウチが採炭の後向《あとむ》きで坑内に下がるようになったのは爺ちゃんと一緒になってからですき……坑内には一体何年下がったかね？　確か……もう覚えんたい。よー働いたぁ。二十年近くは働いちょろー？　昔はタンコー、タンコーちて、言いよった。

十八歳で結婚した爺ちゃんには、ほんと苦労しましたばい。爺ちゃんは藤岡炭鉱の三羽ガラスちて言われたぐらい、腕がものすごーよかったんたい。坑内にも毎日元気に行きよった。ところが坑内から上がって、家に帰って地下足袋を脱いだらそんなりですたい。入り口に座ったまま風呂にも行かんで何時間ちて飲み続ける。二、三合飲むとに、もうチィートチィート時間をかけて飲むとを好いちょって、そのあいだ爺ちゃんの横に座って話を聞かんやったらゲッテンを出しよった。お膳をガチャーンとひっくりかやして、ビンを投ぐるヤカンを投ぐるで手に負えん。家で飲まな外で飲む。飲んだら最後気が大きゅうなって、「さぁーケンカ！」ちゅうたら、いの一番に飛んで行きよった。そいで料理屋に行けば一カ月も二カ月も帰ってこん時もある。そんな時はウチも絶対に迎えには行かん。男を当てにせんで一人で坑内に下がりよったよ。そげんふうで、爺ちゃんがコロッと死んだ時は、ほんとヤレヤレと思うたと。

ここのヤマは他所と違って自由でしたき、よかったですたい。使わんごとなった坑木を持って上がっては炊きもんにする、一番上等のオコリをかろうてきては火を起こすわで、朝の入坑も制限がないと。それでも前の日の残り函でん取ろうと思うたら、やっぱー夜中の一時二時には下がりよった。そいで函に何函ちて、自分のいいしこ積むまでは十二時間も十三時間も働いちょった。普通は一日七、八函。

どうかしてチィート仕事場のいいところは十函ぐらいになりよった。ここはだいたいガスがないですき、坑内で死んだちゅう人も少ないとです。ウチもおかげでケガひとつ、事故ひとつしたことがないですき結構なことでございました。

この間おみくじを引いたら「若い時に苦労しちょるきこれからは幸せになる」ちて書いてあったが、それを信じちょー。呑助の爺ちゃんには苦労したが、おかげで年がいってからはフがいい。みんながあっちこっち旅行に連れてってくれる。九十まではみんなについてくと。それから先はもういかん。明治、大正、昭和、平成と、ウチも四代生きた。今は結構な世の中でございます。

［いで・こずえ　一九〇三（明治三六）年一月二八日生まれ］

永山　アヤコ

十八歳の冬に魚食いたさばっかりに炭鉱に出てきてからというもの貧乏をしてきよったが、死んであの世に財産をかろーていけるわけでなし、我《わ》が自由がきいて食うだけ食えりゃぁ、私はこれが一番と思うちょる。

私はなぁー、ご飯が一膳のどを越すなら寝込むことはいらん。こーまい時に一度チフスをわずろーたが、それからこっち、お産をしたより他にゃあ寝込んだことがないと。昔は大きな腹をかかえて、坑内に下がりよったよ。「おい、永山！　もう休んでくれ！　坑内で子どもが生まれたら大ごとぞ！」ちて、役人はやかましゅう言いよったが「いいやないね！　坑内で死んで上がるもんはなんぼでんおるばってん、生まれて上がるとは縁起がよかろうがぁ」ちて、やっぱー体はきついでも下がりよった。子どもの頃から力持ちで、母親が「力まかせに無理をしたら体をこわすきつまらんぞ」ちて、いつも言いよったが、そうでもない。今でん元気やき。親からもろーた丈夫な体が有り難いがね。

あんた、久留米の高良山《こうらさん》ち、知っちょんなさるかの？あそこは階段が百二十一段あるとばい。娘が「あんたは登りきるまいき、車の中に待っちょきない」ち、言いよったがなんのことはない。私が一番速く登りきったと。もう八十五にもなるとやが、歩くとと口だけは今でん人には負けたことがない。

あれは私が十八歳の冬、十一月頃じゃったかなぁー。広島の田舎は、そん頃になればもう雪が降るもんなぁー。昔は今んごとない。雪が積もれば家ん中でジーッとしちょらななならん。八人おった兄弟の一番上の兄さんちゅうとが、冬の間だけ炭鉱に稼ぎに行く人じゃったと。ところが炭鉱のメシ場にかかるとたいそうなお金がかかるげな。「納屋をもろーて二人で暮らせば一人分のメシ代で二人が食べらるるき、こげな田舎におったっちゃぁつまらん。二人で冬儲けをしに行こやぁー」ち、言うんですたい。

私はなぁ、子どもの頃から大の魚好きですたい。ところが田舎におったら魚が食べられんでっしょうが。炭鉱に行ったら田舎におるごたぁない。米のメシは食うわ魚は食うわで、上等な暮らしやもんね。そいき、どうせ食うだけなら炭鉱生活も悪くないと思うたと。「うん、行くばい！お兄さんのシリならどこへでんひっついて行く！」ちゅうて、魚食いたさばっかりに、飯塚の鯰田《なまずた》に出て来たとです。

私は横着もんやけ、炭鉱ちゅうてもどうちゅうこともなかった。坑内には下がったことはねぇばってん、人のすることやき、しきらんことはないと思うて兄さんのシリについて下がりよったよ。私はそん頃から体も大きゅうて力もあった。坑内に下がれば「歩むより転がれーっ！」ち、人から言われるぐらいよう肥えちょった。そいき、初めての坑内仕事もやっぱー人並みにしよったですばい。

そうしよったところ、鯰田へ来て三、四カ月ぐらいたってからのことじゃった。永山さんと知りおうたと。今ん人なら、十八、九ちゅうたらとってもませちょんなるけど、昔の田舎育ちの十八、九ちゅうたら世間のことはなーんもわからん。いいも悪いも、何が何だかいっちょんわからんなり一緒になったと。そげなふうで、春先には兄さんと一緒に田舎に帰るつもりが帰られん。我がままましたばっかりに自分一人が炭鉱に残ってしもーたと。

永山さんは結婚するとは初めてやっちょろうばってん、女ごはなんぼでんおっちょんなったよ。鯰田から新入《しんにゅう》へ行った時、そこには昔の彼女がおったと。それが、アンタ！　その彼女が家へ来ては私たちの横で寝るんばい！　そいで朝になると私が炊いたご飯をちゃーんと我が弁当箱に詰めて坑内に下がりよった。今ならちっとは、ほうべんたの一丁ぐらい張りましてみろうごとあるばってんが、そんな気はありゃーせん。田舎から出て来たばかりの生娘で人の味を知らんとやき、なーんのことはない。今から思えば無邪気なもんじゃっちょるよ。

永山さんはそれから暫くして脊椎カリエスちゅう病気になって、仕事はほとんどしきらんごとなった。三年ぐらい寝込んでは、チィートようなったかと思えば、またコトッと三年ぐらい寝込むんですたい。その繰り返しで、ようなった時だけ子どもを作り込んじゃぁ我が寝込むもんじゃき、後始末はみーんな女ごの私がせにゃならん。そうやって子どもが六人できたが、やっぱり永山さんは働けん。

「そげん難儀しよるとなら、大きゅうなったら返すき子どもを一人あずけない」ち、兄さんが言うてくれたが、いかに貧乏してもやっぱー子どもだけは他所にはやられん。

「泥食うて、水だけ飲んだっちゃぁ子どもはやらん。ウチがボタをかぶって死んだ時はみんな連れてってくれ！」ち、言うたら、兄さんは泣いて帰りよったよ。その兄さんちゅうとが私が十八の時に広島の田舎から一緒に出てきた兄さんですたい。今ん人は結婚してもうまくいかにゃーすぐ別れよるが、私たちの頃はそげん寝たきりの主人でも、死ぬるが死ぬるまでひっついちょかなしょうがない時代やった。

病弱な主人と六人の子どもを抱え、私は一人で稼がなならん。朝の五時には坑内に下がり、夕方暗うなってから上がってくる。一日十二時間ぐらいは働いちょったよ。土曜の日には一番に下がれば二番にも下がる。連勤ですたい。寝らんずく仕事をして日曜の朝に上がって少し寝る。坑内にいる時は、子どもが腹をすかして家で待っちょると思えば、少しでも早う上がろうと思うてから函取りはやっぱーケンカになりよった。次の捲《まき》が来れば函にあたるばってんが、それまで待つには暇がいる。「エエイ、クソ！　いつまでたっても取りに来んけ積んでやれ！」ち、思うて、人の函に我が炭を勝手に積んで知らーん顔をして上がったことがありよった。そしたら明けの日にゃぁその函の女ごが泣き狂いしてから怒りよった。

「あんたみたいな女ごは見たごとないばい！」

「あんたがいつまでたっても函を取りに来んけ、ウチが積んでやっちょるとたい。早う次の捲が来てよかろーがぁ」

「よかろーがぁちて、ウチは次の函が来るまで二時間も待っちょったとばい！」

函が本線から下がってきまっしょうがぁ。順番で函クジしてから頭から積んでいかないかんとに、その女ごが早う自分の函を押し込んで積んでしまわんき、私がその函をだまーって横取りして積んじょるとですよ。

一度油ぎれの函にあたったこともありよった。そげな函は手で押したくらいじゃぁなかなか動かん。後ろを見よれば、ゴンゴンゴン次の人が押しかけてくる。そん時も「エエイ、クソ！」と、思うてから、私は函の中に積んであった粉炭を車道にばらまきよったよ。そしたら後ろから突っかけてこれまいがね。今は仏様になっちょるがなぁー、あん頃の私はそげん坑内ズレしてから悪かったなぁー。上にあがっても永山さんなん寝たきりやき、食べることから子どもの世話から何から何までみな私がせなならん。坑内に下がってる時ぐらい、ちったぁー憎ったらしいことの一つでもせにゃーたまらんよ。

先《さき》ヤマとケンカしたこともあったとばい。二人の先ヤマに私が一人ついて、もやいたい。そこの切羽《きりは》の炭はやおいとばい。そいき、先ヤマ二人がゴソゴソ掻けばすぐでくる。そいで私のテボに炭を入れると。私は十一函まで黙ってかろーた。そしたら、「まぁー一函出そうやぁ」ち、先ヤマが言う。「とぼくるな!」ち、私は言うたよ。「出すなら出していいとばい。そいき、今度はあんたたちがテボをからいない! 人が黙っちょらいい気になって、なんぼでんからわす。そいでお金は同じやろーが。やわい炭やき、あんたたちゃあただ掻きたおしてテボにすくい込むだけでよかろーが。ウチはなんぼからうばっかりでも十一函も積んでみない! 函一函積むのに大きなテボで十杯、チィートこまいテボなら十二杯かろわにゃあ一函にならんとぞ! それを十二函もからわされてみない、百二十回以上も行き来せなならんとぞ!」ちて、しまいには先ヤマにテボを投げつけて一人で上がってきよったよ。

そげなふうで、私はこげん気の立つ女ごじゃき男並みの仕事をしてきよったよ。「つまらん男を連れていくより永山を連れてったほうがいいばい」ち、言われるぐらい他人の先ヤマさんから引っ張られごうしやったと。大払いでは、私は女ごの責任を持たされちょった。払いでは普通男の先ヤマが「一人」取るなら女ごの後向きは「八分」ぐらいしかもらいよらんじゃったが、私は現場が見込んでから「一人」もらいよったよ。

今の若い人はのんびり育っちょるき、こげな昔話をしたっちゃぁ「ホントのことやろーか?」ち、思いよるけんど、私たちは「これだけはせな!」ち、思うたら、這《ほ》うてでも絶対にやり抜いてきよったよ。やっぱー食うつ食われつの境におりゃー、自分の体を粉にしてでも走り回ってきちょるとです。

私は病弱の主人に「アンタ! 死んだっちゃぁ目だけは開けちょきないよ!」ち、いつも言いよった。そいき、主人が死んだ時「この先子どもを抱えて、どげしたらいいとやろーか?」ち、考えたら、涙もこぼれんやったと。今なら女ごが一人働いて六人の子どもを太らかすちゅうたら、とても難しいと思うけんど、男と同じ賃銀が貰えよった炭鉱だからこそできたと思うちょります。

昔、町の人は炭鉱で働く人のことを「炭鉱モン」ちゅうて「モン」をつけて見下げよったが、「炭鉱モン」よか町ん人の方がよっぽどか人情が薄いですたい。そいき、「モン」をつける必要はないと。炭鉱におった人と町ん人とではコロッと人間が違いますき、今でん炭鉱の人の味は忘れられん。「婆ちゃん、どげしちょるな?」ちて、昔のケンカ仲間が未だによう訪ねてくれるき、一人暮らしをしよっても寂しいもなんもないと。「婆さんなんあの年で一人で生活しよるが、晩にどうかあったらどげするな?」ちて、子どもたちは心配しよるが、そん時はそん時でいいと。私は大きな気持ちでおるき、どうちゅうこともない。

私はこげなことを言うちゃぁ悪いばってん、田舎におったら大きなところに入り込んじょるとですよ。田舎の家は田んぼこそ二町歩しか持たんやったが、山を五十町歩ぐらい持っちょったと。あの時、兄さんと一緒に田舎に帰っちょったら、今頃は大きな家の奥さんにおさまってこげな貧乏はせんでいいとやが、我がままましたばっかりにこりゃーもうしょうがない。そいき、今考えても私には炭鉱生活が一番おうちょる。炭鉱に出て来て貧乏はしたが、大きな家の奥さんやったら「財産を減らしちゃならん」とか「増やさなならん」とか、そげなややこしいことを考えなならん。死んであの世に財産をかろーていけるわけでなし、なんかかんか言うたっちゃぁ人間銭金やないとやもん。金持っとっちゃぁどげするね? 我が自由がきいて、食うだけ食えりゃぁ、私はこれが一番いいと思うちょる。

そいき、私は今が一番幸せですたい。子どもんじょが温泉でん連れてってくれればなお幸せやが、なかなか忙しいもんやき、そうもいかん。娘はよう来てくれるが、息子は「そこにおると?」とも言いやせん。男の子はなーんもなりゃーせん。嫁さんを貰うまでは「お母さん! お母さん!」ち、言いよったが、嫁さんをもらったらそっちのけじゃあー。お母さんなん一緒におっても抱いて寝られんけん、やっぱー嫁さんの方がいいとやろぉー。

[ながやま・あやこ　一九〇七(明治四〇)年七月二二日生まれ]

広畑 フミコ

炭鉱の女ごはいつも「負けてたまるか!!」ち思うて、働いてきよったき、気が荒いとたい。炭がいっぱい入った函を上ぐるのにも一人でやるとやき、ようあげな力が出よったと思うよ。女ごの力は強いばい！　自分ながら恐ろしいごとある。

生まれついての炭坑太郎やき、筑豊中の小ヤマを転々としちょるよ。今覚えちょるだけでも、田川やろぉ、目尾《しゃかのお》やろぉ、海老津《えびつ》やろぉ、直方《のおがた》やろぉ、山野やろぉ、博多の先まで行ったことがあるとやき。初めて坑内に下がったとは、ウチが嫁さんに行った十九歳のときやった。それから戦争が終わって進駐軍が来て、いよいよ女ごは働かれんちゅうまで十年とはいわん働いちょるよ。

坑内には笹部屋《ささべや》ちゅう事務所があって、そこで米を炊いて三日間上がらんやったこともあったばい。四日目に上がった時はさすがに顔が青白ろうなっちょった。風呂場の爺さんが、「アンタ！　死によるやないね。はよ風呂に入って寝らな！」ちて、びっくりして言うたよ。そいき、寝らんでもいい。坑内ではゆっくり寝ちょる。ボタが落ちてこんか天井をようと見据えて、枠の下にナル木を並べその上に着てきた着物を敷いて寝る。坑内は夏は涼しいし冬は温《ぬく》い。よう寝らるると。慣れてしまえば坑内ほどいやすいとこはないとたい。そうやって一番方で採炭をして、二番方では仕繰《しく》りをするちゅうげなふうで、三日間坑内におるちゅうようなことは、ある！ある！なんぼでんある！　ただ、そういうことは小ヤマでなからなできんやった。大ヤマは規則がきびしゅうて自由がきかん。小ヤマやったら時間なんかも決まっちょらん。夫婦で「後《あと》・先《さき》」組んじょったら「今日はナンボ出したきナンボになる」ち、計算して、働きたいしこ働いとりゃぁいいとたい。

一生懸命働いて銭を稼いで、飲んだり食ったり腹一杯してから、飯塚にゃぁ芝居を観に行く、直方には映画を観に行くで昔の炭鉱は楽しかったよ。そんかわり圧制もまた激しかったばい。真っ昼間から大納屋《おおなや》の棟梁が日本刀を持って回りよった。逃げてく坑夫を労務が捕まえて、水をかけちゃぁ叩き、水をかけちゃぁ叩きしよったよ。それに刺青《いれずみ》もんも多かったばい。たいがいの男は入れちょった。あれは人が見たら恐ろしがると思うて入れるばってん、ウチがたは恐ろしゅうもなんもない。慣れちょるもん。ウチの主人の兄さんも若松で石炭の積み出しをしよった親分やき上半身は全部刺青。しまいには眉毛にも入れちょったよ。若くてピチピチしている時は刺青もいいばってん、六十を過ぎてしわだらけになって刺青のなんがいいもんか。

女ごでも太ももに入れちょる人がおったとよ。遊び手の奥さんやったろーか? やっぱり威張っちょった。そんかわり仕事も男まさりたい。なんでんしよった。一度その女ごがいびって、ウチに函をくれん時があったんたい。そん時はケンカして取りよった。負けちゃぁならん! 女ごでも度胸がすわっとるき、向こうがスコを持てばこっちはナル木を木刀がわりに取っ組み合うてやりよった。しまいにはどっちも先《さき》ヤマの男が出て来て止めよった。それでも上にあがったら絶対にケンカはせん。酒と肴を買うて「今日はすまんやった」ち、すぐ仲直りをする。炭鉱の人はそういうところがいいとたい。また、そうせな炭鉱にはおられん。お互いいつまでも根に持っちょったらね。

十九で結婚した主人は事故で死んだばい。三十三、四やった。畳一枚ぐらいのボタが上からバレてきちょると。アーもウンもない。それで一巻の終わりたい。ウチはちょうどナル木を取りに他所へ行っちょったき運よく助かっちょると。小ヤマはバレだしたら激しいんばい。そいき、ミシッミシッと前ぶれはあると。その時逃げればいいとやが、あつかましゅうおったらそげなふうたい。ウチのお父さんも大峰でボタをかぶって死んじょる。お兄さんは方城《ほうじょう》でガス爆発に遭《お》うてやっぱり死んなったよ。

ウチも一度天井がバレて二日ぐらい閉じ込められたことがあったばい。男も女ごも合わせて十何人おったやろーか。そいき、なんぼ閉じ込められても風さえ入れば死なんもんね。その時には水気もあったし助かっちょるとたい。坑内では函がどまぐれてペチャンコになって死んでる人もおりなすった。そんなのはよう見るくさ。そいき、恐ろしがったら坑内には下がれん。人が死んだ現場の横で明けの朝には炭を掘らなならんとやからね。炭鉱の女ごはそげなところで男と同じように働いてきちょるき威張っちょるよ。男を立てたりもせん。男を立てよっちゃぁどげするね？　男が遊びに行けば自分も遊びに行く、男が銭を使えば自分も使うげな腹でおらなつまらんよ。炭鉱の女ごは気が荒いとたい！　度胸もきまっちょるきな！　そうくさ、いつも「負けてたまるか!!」ち思うて、働いてきよったき。炭がいっぱい入った函を上ぐるとにも一人でやるとやき、ようあげな力が出よったと思うよ。女ごの力は強いばい！　自分ながら恐ろしいごとある。

［ひろはた・ふみこ　一九一七（大正六）年一月四日生まれ］

大津　ミツ

今の若い人に、あげな難儀したことを聞かせたっちゃぁ嘘んごと考えちょるよ。昔は坑内下がって働いて、上がってご飯を食べて寝て起きたらまた仕事に行かなならん。もう働くばっかしたい。

十九歳の時に鹿児島から出てきちょるとです。それが薩摩永野金山ちゅうてですな、島津さんの時代から九十年も続いた、歴史のある大ーきな金山に親が働いちょったとです。やっぱり農業をしてから、それだけじゃぁやっていけんやったとでしょうな。ところが金山なんフがようして鉱脈にあたった人はものすごう儲かるけんど、フの悪い人はアンタ！　借銭になるんですたい。ウチのお父さんも「子は多して金は取れん」ち、げなふうで、やりきれんごとなったとでしょうな。そん時ですたい。「同じ鉱山でも金山なん女ごは下がられんけど炭鉱なら下がらるる。女ごを使うて一旗あげんか？」ちて、炭鉱からボッシュウ（募集）に来ちょるとです。そん時、六人いる子どもの上五人は全部女の子で、一番下の子だけが男の子やったとです。

ウチは長女で、こっちに来たハナはウチとすぐ下の妹が坑内に下がって、あとは学校へ行きよったとです。仕事は最初はお父さんの後について行きよりました。もう坑内なん見たこともないもんですきな、それが大きいのかこまいのか、危ないのか危なくないのか全くわけがわからんですたい。少し慣れてきたら天井が落ててきやせんかと思うて恐ろしかったですたい。

ハナのヤマは圧制ヤマで、やっぱー仕事がきつうしてですな、体が続かんですたい。「暇くれ！」ちゅうても会社は暇をくれんですき、ケツワリちゅうて夜中に隠れて逃げていくんですたい。それが捕まらにゃぁいいけんどが捕まえられたら最後、毛抜きなんかで頭の毛を引き抜かれたり、木刀で叩かれてグッタリすれば水をかけてはまた叩かれるで、もう殺されんばっかしですたい。鹿児島の田舎から出て来ちょりますき、炭鉱ちゃぁこげん荒いことをするところやろうかと思うてよけい恐ろしいですたい。

昔の炭鉱は「あっちがいいげな」ち、聞けばあっちさへ行って、「こっちがいいげな」ち、聞けばこっちさへ来て、もうシリが座っちょるげなことはなかったですな。それに所帯道具ちゅうてもなーんもありゃぁせん。持ってくもんちゃぁ布団が一重ねと着物を入れた柳行李《やなぎごうり》が一つあるぐらいなもんですたい。ウチたちも、ハナの炭鉱には四、五カ月ぐらいしかおらんやったとでしょうな。それからはあっちこっちの炭鉱を転々としちょるとです。

今は若い人が一番幸せな時代でしょうな。今の若い人に、あげな難儀をしたことを聞かせたっちゃぁ嘘んごと考えちょるよ。こーまい炭鉱は寝たも起きたもわからん。坑内下がって働いて、上がってご飯を食べて寝て起きたらまた仕事に行かなならん。もう働くばっかしたい。そいき、道で年寄りに会ったらすぐ昔の話が出るんですたい。「あげやったねー、こげやったねー」ちてね。

ウチたちが炭鉱さへ来る時、親は一生炭鉱で働くつもりでは来ちょらんですたい。「炭鉱はものすごう金儲けがいい」ち、言われてですな、二、三年働いて帰るつもりでいたとです。家も田んぼも置いたまま、「馬もあずけちょこう」ちて、友達んとこへでん行くような気持ちで出てきちょるとです。ところが何年たっても故郷に錦を飾れんで、骨は折るけど金儲けは少ないで……そんなりですたい。

それでも鹿児島には身内がおりますき、ちょくちょく帰りますばい。わが家の土地はもうないとですが、「ここには家があった。あそこには牛小屋があった」ちてね。他の人が田んぼやら畑やら作ってあげんしちょるばってん、やっぱー帰ってみろうごとある。

［おおつ・みつ　一九〇三（明治三六）年三月三〇日生まれ］

佐野 トシノ

娘時代は、どうかしたらひょうくらかされよったよ。
先《さき》ヤマさんがプツンとカンテラの火を消しなさる。
そんな時は、「もしひっくり返しなすったらどげなるとやろーか?」ち、思うたら、
恐ろしゅうして飛んで家に帰りよったよ。

私がたは大ヤマちゃぁ行ったことがないですきね。私は三女で、鹿児島から出て来た時はまだ小学校六年生。最初は一番上の姉さんがお父さんの後向《あとむ》きで下がって、二番目の姉さんは選炭へ行きよった。

私が初めて坑内に下がったとは数えの十五歳。下山田にある、からいあげで百間ぐらいの小ヤマやった。まだ子どもがする仕事ですき、最初のうちはテボに山盛りかかえきらんと。それもアンタ! 百間もテボをかろうて上がるちゃぁ相当ですばい。まっすぐシャンシャンかろうて行かるるところならいいばってん、坑内には断層ちて固い岩を切ったところがあるんですたい。そこを通りいいごと大きゅうしよったら、なんぼでんお金と時間がかかるでっしょうが。捲《まき》もかからんげな小ヤマにそげなことをする余裕はないと。そいき、かごんでかごんで行かなならん。

まだ体もこもうして本腰できとらんとに、やっぱー人には負けめいと思うて朝ははよから行きよった。もうちょっとやそっとの難儀やないと。今の人はすぐ「きつい、きつい」ちて、言うごとあるが、私たち昔のもんに言わせればせせら笑うごとあるですたい。

坑内では真っ裸で仕事をしんなさる先ヤマさんがおんなすった。もうブラブラ出してしもーて、娘やき恐ろしゅうてたまらんですたい。それでもその人の後向きに繰り込まれたら行かなならん。やっぱり娘時代は、どうかしたらひょうくらかされよったよ。先ヤマさんがプッンとカンテラの火を消しなさる。そんな時は、「もしひっくり返しなすったらどげなるとやろーか？」ち、思うたら、恐ろしゅうして飛んで家に帰りよったよ。後ろから「ぞーたんやった、ぞーたんやった！　帰らんでもいいばい！」ち、先ヤマさんがおらびよったが、もう気色が悪うして、そんな日は休みよったよ。

妹と一緒にお父さんの後向きをしよる時もそげなことがありましたたい。お父さんはもうトシで炭を出したら函が来んでも早う上がりよんなる。そん時、近くにいるおじさんたちに「娘がまだ二人残っちょりますき、お願いします」ちて、頼んで帰んなすった。そしたらこのおじさんたちがちひょうくれですたい。「おれたちはお父さんから頼まれちょるとばい」ちて、こっちさ向かって来るんですたい。そん時も妹と二人で、どげんして逃げて帰ったかわからんですたい。

あの頃は奥さんがおって子どもも一人二人おったら、ものすごーいおじさんに思いよったが、今考えてみたら三十になるかならんかですき、まだまだ血気ざかりの年ですたい。坑内の暗がりで娘でん見ようものならひょうくらかしになるのも当たり前ですたい。

私が坑内をやめたのがたしか昭和十六年ぐらいになっちょったでしょう。それっちゅうとが、ちょうどおなかに赤ちゃんが入っちょったとです。そん頃は戦争が始まって、みんな死ぬるでしょうが。そいで私が坑内で事故に遭《お》うて死んだら赤ちゃんも死ぬるちて、妊娠したからやめさせられちょるとたい。それから先はもう坑内には下がらんずく。そいでも、やっぱー二十年近くは下がっちょりますたい。

もう今は、そげな昔話をする人もおらんごとなってしもーたなぁ。そいき、道で昔の人とおうたら「ウワーッ！　どこのおばちゃんやろーか？　どこの奥さんやろーか？」ちて、すぐ昔の話をしたくなるんですたい。そいで「うち方《がた》ほど貧乏して子どもを太らかしたもんはおらん！」ちて言えば、「いいやー、うち方が一番！」ちて、貧乏自慢をするんですたい。昔は坑内にどんどん下がって働く女ごが貰い手が多して、一番よか嫁さんち言われよった。

［さの・としの　一九〇七（明治四〇）年一月一九日生まれ］

内村　スミノ

「親のシリについて働く娘が一番ようござす」ちて、お父さんはいつも笑って言いよんなった。四十の半ばを越えて鹿児島の田舎を出たなり一度も帰らんずく、とうとう炭鉱の土になってしもーたお父さんの姿を思い出すにつけ、今でも涙が出るとです。

大津の姉さんが一番上の姉さんで、佐野の姉さんが三番目。あいなかに宮崎にいる姉さんがいて、私は四番目。私の下にもう一人妹がいて、女五人の下は男ばかりがずらりと四人おるですたい。生まれたとは戸籍の上では明治四十三年になっちょりますが、つけ落としてございますとですよ。「学校に遅れるといかん」ち、げなふうで、あわてて明けの年の早生まれにしちょるとです。大津の姉さんに「ウチはいつ生まれたと?」ち、聞いたら、「おまえは寒くなる頃に生まれたんぞ。確か十一月頃じゃぁなかったかな」ち、言いよりましたが、本当に生まれた日はわからんままですたい。

鹿児島から筑豊の炭鉱に来た時、家族は全部で八人。汽車の駅まで小さな馬車に乗って行きよりました。そん時のことはようと覚えちょりませんが、荷台の角で頭をゴッツンゴッツンぶつけて痛かったのだけは覚えちょります。

お母さんは二つぶせ二つぶせで子どもを産んでから、炭鉱の仕事はほとんどしないずくでした。代わりにウチたち五人の姉妹が嫁にいくまでの間、お父さんの後向《あとむ》きで上から順々に下がっちょります。ウチが初めて坑内に下がったとは佐野の姉さんと一緒で、まだ十四、五歳。結婚したとは二十二歳の時ですき、それまではずーっとお父さんの後向きですたい。

私が初めて下がった炭鉱は捲《まき》もない、深さちゅうても百数十間の、からいあげのこーまいヤマでした。それでも坑口から十間ぐらい下がると外の明かりがだんだん減って、それから先は真っ暗闇ですたい。下から上を見上げると坑口だけがポッカリと、穴がほげたごとまーるく見えるんですたい。坑内に下がる時はドットンドットン降りていきよるが、上がるときはシュモクちゅうて二、三十センチぐらいの小さな杖をついてコッツンコッツン上がっていく。途中テボを乗せて休むことができるような台が二カ所ほどありよりましたが、私はまだこまいでから、その台にテボを乗せきらんずく、うずくまったまま足を休ませよった。

そうやって父娘三人で、どうにかこうにか家族の生活がたつだけの仕事をしてきたとです。そん頃、お父さんはもう五十を越えちょったとでしょうか。「お父さんはもう年じゃき可哀想。大事にせな!」ちて、お母さんはいつも言いよんなった。今でこそ五十ちゅうたらまだ若いけんど、ウチたちが子どもの頃の五十ちゃぁもうお爺ちゃんやった。朝仕事に行くんでも、お父さんの作業着はちゃんと温めて置いちょくと。繰込《くりこ》みもウチたちは朝の六時には行きよったが、お父さんなん七時ごろになってニューンとしてやって来る。休みもお父さんは十五日に一つか二つ。ウチたちは血気ざかりじゃき休むことはいらん。そげなふうで、お父さんは仕事がなまぬるいですき、妹はお父さんの後向きに行くとがまどろっこしいの。「もうお父さんとは下がらん!」ちて、どんどん他人の後向きに行きよりました。よその若い先《さき》ヤマさんの後についていけばシャンシャン仕事がさるるとでしょうが。それでも私が嫁に行ったら、妹はやっぱりお父さんの後向きをしよったですたい。

そうこうしよるうちに妹もとうとう嫁に行かなならん。もう後向きをしてくれる娘もおらん。坑内に下がるとじゃったら他人の後向きさんを連れていかなならんとに、お父さんのげな年寄りの後向きになる女ごはおらんですたい。「坑内に下げんずく坑外の仕事でんさするかね?」ちて、お母さんはいつも世話をやきよった。妹が嫁に行くんで、その日はお父さんにとって最後の坑内ちゅう時ですたい。仕事を終えて、これまで長年使うてきた道具を「こげんとうもカゴに入れて持って上がるな?」ち、妹が聞くと、「うーん……そげんとうはここに置いちょくかぁー」ちて、お父さんは何も持たずに上がったなり、ボタ場の先へ行って一人でジーッとしちょったげな。そん時、お父さんはもう六十二、三になっちょったとでしょう。

お母さんが死んだのはそれから間なしじゃった。娘たちは、みーんな嫁に行ってしもーて、お父さんはもう坑内には下がられん。連れ添う女ごにも先立たれ、家には男の兄弟が四人、お父さんも入れれば五人の男が炭鉱の社宅を二間借って暮らしちょりました。お母さんがいるときは坑内から上がれば晩酌のお酒とお刺身も用意してから、ちゃーんとしてあったけんど、サァーお母さんが亡くなってからは可哀想。私たちは近くにおったけんど、子どもはおる姑さんはおるで我が身が動かん。五人の姉妹が三べん寄っては泣くばっかり、四へん寄っては泣くばっかりで、なかなかお父さんの手伝いもされん。通りすがりにヒョッと見よれば、お父さんはお酒を燗もせんまま湯呑みに入れて、七輪もおこさんずく焚き火をたいてイワシを焼き焼きしちょったとです。

私は朝早う起きて自分がたの朝ご飯の支度をしてから、お父さん方へ行っては戸をトントン叩くんですたい。「朝になるどー。サァーくどに火を焚かな！　サァー七輪をおこさな！　今日は誰が起くるかー？」ちてね。あん頃はそげして自分の家とお父さんの家とをチョコチョコしながら所帯をしよった。

「お父さん、自分の娘であっても自分の自由にならんでから御免ね、御免ね」ちて言うと、「おまえたちには迷惑をかくるのぉー」ちて、いつも喜んでくれよった。女ごがおらんごとなって、男が一人残されてからの苦労ちゃぁ、ちょっとやそっとの苦労やないとですよ。年をとれば、こげん体は弱るけんど「女ごはちゃんと男の養生をして死なしてから我が死ななならん。それまではどげなことがあっても気を達者に持っちょかな女ごの役目がたたんとぞ」ちて、ウチはいつも言いますたい。

「あんたがたは上が男の子やったらさぞ楽やったろーね」ち、近所の人から言われるたびに、「親のシリについて働く娘が一番ようござす」ちて、お父さんはいつも笑って言いよんなった。故郷に錦を飾るつもりで四十の半ばを越えて鹿児島の田舎を出たなり、とうとう一度も帰らんずく、お母さんが死んでから二年後には炭鉱の土になってしもーた。そのお父さんの姿を思い出すにつけ、私は今でも涙が出るとです。

［うちむら・すみの　一九一〇（明治四三）年三月二五日生まれ］

匿名

私はほんと、小ヤマのモグラですばい。
カンテラの小さな明かりを頼りに地の底を這いずり回って、
ふと気がついたらとうに四十の坂を越えちょりました。
私の一生に人に聞かせるげないい話はございまっせん。

私はほんと、小ヤマのモグラですばい。「一山越えればまた小ヤマ、一谷越えればまた小ヤマ」ち、げなふうで、十人もいればよかうち。少ないところでは五、六人。そげな一函捲《まき》、二函捲の小ヤマを転々と歩いてきちょるとですよ。一番こまいとは押し出しヤマちゅうて捲もない。下駄箱みたいな箱に炭を入れて、四つん這いになっては這《ほ》うて坑口まで出しよりました。

そげな仕事を何十年ちてしてきて、「よう未だに生きちょるなぁ」ち、思いますばい。昔の小ヤマちゅうたら、なんて言うていいかわからん。口で言うのも恐ろしいごとありますたい。

私が生まれたとは広島の山の中。家は家族が多く、そこそこ太り上がれば順々に口を減らさんといかんとです。八つの時に、隣村の百姓の家に奉公に出されました。子守りをしたり、畑の草を取ったり、井戸の水を汲んだり……。やっぱー住み込みの奉公ですき苦労しちょります。「こげな仕事でおまえは飯が食わるると思うちょるとかーっ!」ちて、ご主人からそう言われた時には、もう手が先に私の顔に当たっちょります。そげなんは、「また怒ったねぇ……」ち、思うぐらいでなんともなかった。それでも夜寝る時、キツネの悲しい鳴き声を聞きよりますと、いろいろしくじったこととか怒られたこととかを思い出しては布団の中で泣きました。昔、テレビで「おしん」さんちてありましたが、あの通りですばい。

十歳になった時、岡山にある紡績工場にボッシュウにかかりました。工場は見たこともないような機械がずら一っと並んじょりましたが、ものすごう綿ゴミが多く耐えきれないで逃げ出した女ごの人も大勢おったとです。ちょうどそん頃、田舎のお父さんが筑豊の炭鉱に出てきちょりました。私はもう一度お父さんと一緒に暮らしたい一心で工場を二年でやめ、喜びいさんでお父さんのところへ行ったとです。

ところが、筑豊に来てみれば地の底の穴ん中に入らななりらん。私は「広島の田舎に帰る、田舎に帰る!」ちて、いつも言いよりました。それでも、「坑内に下がらんなら勘当する!」ち、お父さんから言われれば、もうしょうがない。辛抱して坑内に下がったとです。それが私が十二歳の時。田川にある二函捲のこーまいヤマでした。

今思えば私が初めて下がったヤマがそげな小ヤマで、とうとう大ヤマには最後まで縁がなかったですたい。三井とか三菱とか、大きなヤマに入っちょけば退職金やら年金やら、ケガをした時でんなんぼかありまっしょう? 小ヤマにはそげなんはなーんもない。大ヤマには志願が通らな入れません。私の主人は病弱でとてもやないが志願なん通らんですたい。

私はマイトなんかも扱うてまいりましたが、昔はよくマイトの事故で人が死によりました。人が死んだヤマで働くというのは、やっぱーいい気がせんですたい。「変わろかーっ」ちて主人が言えば、私は黙って付いていきよりました。そげなふうで、私たちは長くいたところで四年。一年おったところもあれば一週間ちゅうとこもありました。

貧乏をしてヤマはいくつも変わりましたが、それでも私たちはケツワリだけはしたことがありません。それだけが、こげな小ヤマのモグラ坑夫の唯一の誇りですたい。

カンテラの小さな明かりを頼りに地の底ばかり見つめながら這いずり回って、ふと気がついたらとうに四十の坂を越えちょりました。苦労しましたばい。私だけでなく私の母がまた苦労しました。母は八十六歳まで生きましたが、その母の年に私も近づいて、今は母をいとおしく思いよります。

学問があって字も書けたら昔の覚えもよかろうけんどが、もう頭がどうかなっちょりますよ。私の一生に人に聞かせるげないい話はございまっせん。

[生年月日不詳]

二川　テルコ

いったん坑内に下がればもう無我夢中。
「男なんかに負けてたまるか！」ちゅう気持ちで働いてきよったよ。
先ヤマさんから「今日はやったなぁ。坑内一やったぞ！」ち、言われれば、
仕事はきついでも嬉しいとたい。

十歳の時に、朝の三時に起きては親の後からコトコトついて坑内に下がりよったよ。まだ捲《まき》もかかっちょらん、池尻あたりのこーまいヤマやった。お義母《かあ》さんはセナちて、前後ろに籠をかけて杖をついては這うようにして炭を運びよんなる。私は、からいテボちて背中におんぶするとがありよった。それにエビジョウケで炭をいっぱい入れてもろーてはからうんたい。「ホーッ、おまえ力が強いねぇ。これをかろうて上がりきるとか？」ち、言われるぐらい、体はこまいとでも力だけは強かった。

日の照るところにはバラスちて、竹で編んだまーるい大きな籠が置いてある。そこに坑内からかろうてきた炭を入れて山盛り一杯にするんたい。「バラ一本！」ち言いよった。そん頃バラ一本が五十円ちょっとやったか？　それで米やら味噌やらを買うて家に帰る。昔はその日その日の生活たい。

私の本当のお母さんは、私がちょうど首の座るころ病気で死んなった。一番上の姉さんが私を育ててくれよったが、昼間は姉さんも坑内に下がらならんき家にはおらん。私が五つぐらいの時やった。外で焚き火にあたって家の戸口まで帰ってきたら、着物のつまに火がついちょった。びっくりして庭の中を転げ回って消そうとしたが、火が喜んでよけいにドンドン燃えるんたい。下の姉さんは家におったが、ジーッと見よるだけでなんもしきらん。ちょうどそん時、醬油を売るおいちゃんが通りかかって、近くにあった肥溜めに私をドブンとつけて助けてくれたと。それでたい、「姉さんたちにあずけちょったらこの子を殺してしまう」ちて、お父さんは私を他所に養《やしな》かしたんたい。ところがその養い先が私をいじめていじめていじめ抜く。二言目には「この養い子がぁ!」ちて、竹棒をもって追いかけまわされては叩かれる。他所の家に逃げ込めば、そこにもしかけにきては連れ戻され、奴隷のごとく働かされる。子どもの頃はそげなふうで、カラスの鳴かん日はあっても私の目から涙の出らん日は一日だってなかったですたい。ものすごう辛いことがあったと。

それでも十六、七にもなれば人に負くるとが好かん。「大出し」ちゅう日がありよった。ズンズンズンズン、先《さき》ヤマさんが掘りよんなる。後向《あとむ》きはドンドンドンドン、段取りよう積まな間に合わん。向こうの組が二函出したら「こっちも負けんぞーっ! 三函出そうやぁーっ!」ちて、ご飯も食べる時間もなからな話をする間もないぐらい追わるるとたい。それで一番よう出した時は一日十函。坑内一のレコードで、みんながたまがりよった。先ヤマさんから「松田ーっ!――今は二川やけど娘時代は松田ち言いよりましたきね――今日はやったなぁ。坑内一やったぞ!」ち、言われれば、「うん、やったばい!」ちて、仕事はきついでも嬉しいとたい。

そいき、ボサーッとした先ヤマさんについた時には頭にくる。こっちはヤリヤリしていよう? いったん坑内に下がった以上はもう無我夢中。一生懸命たい。「男なんかに負けてたまるか!」ちゅう気持ちで働いてきよったよ。どうかしたら男でも力がないで、函も押しきらんとがおるんたい。「ほんと男かね? しゃんとせんかぁ!」ち、よう言いよった。函は手でヨイショしたくらいじゃぁ動かん。肩と腰を使って押さな!

坑内には意地の悪い棹《さお》取《ど》りも中にはおると。「ホーッ、松田が下がったか。あっこには函をまわさんどこー」ちてね。そげな時はこっちも黙っちゃぁおらん。「そげんせんで、こっちに函をまわさんかーっ! 明日はいじめ返しが激しいき覚えちょけーっ!」ちて、おらぶとたい。

私がいよいよ苦労したとは結婚して所帯を持ってからのことですたい。子どもは三人でけたが、お父さんが病弱で何回も入退院をくり返す。「親はおらんでも子は育つ」ち、言いよるが、このこーまい子どもたちが自分のような目に遭《お》うたら可哀想。「いっそのこと、みんな殺して自分も裏の庭で首を吊って死のう」ち、何度となく考えたことがありますたい。そいき、その度ごとに「自分のようにおかしな娘でも、お嫁さんの貰い手があって子どもができたら、親子もろとも食べん日があっても絶対に子どもだけは他人の手には渡さんで自分で育てる」ち、養い先で毎日毎日いじめられながら考えちょったことを思い出しては頑張ってきたんですたい。

今年も息子が帰ってきて、「子どもがぐれてから、手が後ろにまわったりしちょるげな家もあるが、俺たちはこまい時にお袋が一生懸命働いて育ててくれたのを見てきちょるき、そげんことだけはせんき安心しちょってくれ」ち、言うてくれる。

閉山から何十年も経って、ここらあたりの炭鉱長屋も「人情が変わった」ち、言いよりますが、病気になって寝こちょっても「あんた、どげしたな?」ちて、いろいろ面倒をみてくれる友達がまだいっぱいおりますたい。一人暮しですき子どももいろいろ心配してくれよりますが、「親孝行と思うなら、ここに一人でおいちょってくれ」ち、言いますたい。体が健康で借金も作らず、人から恨まれんごとしちょれば人生それだけで満足ですたい。

［にかわ・てるこ　一九二三（大正一二）年七月三日生まれ］

数山 ウメノ

神戸から川崎に帰ってきた時はもう十五になっちょりました。親兄弟もおらん一人ぼっちの私は、嫁さんにならな行き場がないき、「こん人なら人物じゃ。一代ついていかるる」と思うた人の前で、「嫁さんにもろーてーっ！」ち、叫んだとです。

私はどこで生まれたかもようとわからんですたい。だいたいお父さんが悪いき一家がメチャメチャになる。酒癖が悪いで、どこへ行ったかもわからんまま酔い潰れて死んだんじゃろう、ちゅうことです。酒を飲むたびにお母さんに「金出せーっ！」ち、言うちょりました。お金を出そうにも、家にはそげなお金はないとですよ。そしたら「殺すぞーっ！」ちゅうて、そげなことだけを覚えちょります。なんでも遠賀《おんが》のいいとこのお坊ちゃんじゃったげな。そいき、あんまり酒癖が悪くて勘当されたちゅう話ですたい。

お母さんはお父さんが死んでからすぐ、私を連れて二度目のお嫁さんに行ったとです。そこでは、お母さんが生きちょるあいだは私も大事にされよったが、フの悪いことに七つの時にお母さんが病気で死んでからというもの、私の人生は真っ暗闇になったとです。

川崎のずーっと先の方に藤岡炭鉱ちゅうのがありまして、九つの時にそこの選炭やら事務所の小間使いやらをして働いておりました。そしたら坑長の藤岡さんが私を認めてくれて、別府にあったその人の家に奉公に行くごとになったとです。それから先は大阪やら神戸やら、もらわるるまま使わな損で使われてきたとです。奉公していた間の給料も一切もろーとらんとです。おおかた他人のお父さんが取りよったんでしょう。他の人たちは給料をもらうと「今度はあれを買おう、これを買おう」ちて、喜びよるけんど、私は前掛け一つ買うことができんとです。それでも、そん頃はお金がなからな娘を売りよった時代ですき、私はそげなことだけはされちょりませんきまだフがよかったと思うちょります。

神戸から連絡船に乗って川崎に帰ってきた時は、もう十五になっちょりました。帰ってはきたものの私には実の親兄弟はおりませんき、どこにも頼るところがないとです。そいき、器量とかは一切考えん。「こん人なら人物じゃ。一代ついていかるる」ち、思うた人が近くの炭鉱で働いちょったとです。ある時、そん人が向こうから歩いて来よった。私は壁の蔭に隠れちょって、そん人の目ん前に飛び出して、「嫁さんにもろーてーっ！」ちて、一か八か叫んだとです。だーれもおらんき。嫁さんにならな行き場がないき。七つの時にお母さんに死に別れ、九つの時から他所で働いとりましたけん、十五ちゅうても相当巧者になっちょったんでしょう。今の年でゆうたらまだ十四の時ですたい。「嫁さんにもろーてーっ」ち、言うたっちゃぁ私は親もおらん一人もんですき、ろくなもんじゃぁないと思われちょると思うて諦めておったとです。ところが四日目に話が返ってきた。「こん娘なら精神がいいき」ちゅうことで、もろーてもろうたとです。アンタ！　それからはもう幸せ！五十一年つのいじょったが私が見込んだだけのことはある。酒もやらんタバコもやらんで、手遊びだけはしよったが「あんた方は所帯博打」ち、「所帯のためにする時は一つも負けん」ち、かえって遊び事をする時の方が家の中が楽になる。そげな有り様でした。

嫁さんになってたった三日休んで、私は婿さんの後向《あとむ》きで島廻《しまめぐり》炭鉱に下がりました。それまでは坑内なん見たこともない。人は「坑内は恐ろしい」ち、言いよったけど、私は婿さんと一緒やき一つも恐ろしいことはなかった。女ごは好いた男と一緒なら、どげな苦しいことがあっても苦にならん。婿さんとなら、たとえ坑内で死んでも思い残すことはない。採炭もウチ方の婿さんは表彰されるごと一等坑夫やったと。

昔は炭を掘りきるものは、お金をなんぼでん借《か》ってどこへでん行きよったよ。ウチたちも島廻で五、六年働いてから飯塚にある炭鉱に行きよりました。ところが、そこの人が言うには「あんたたちは悪いヤマに来たばい。ここのヤマは死なな出られんとばい」ち、言いよんなる。ようと見よれば一日ごうしに今日も死人、今日も死人ちて、函で死体を巻き上げよった。そうしよったところフがいいことに、私が昔お手伝いに行きよったお店の坊ちゃんが、東京の大学を出てそこの炭鉱の偉い人になっちょったとです。

「あれっ？　数山さんやないと？」

「はいっ。こげなふうでお金を借って島廻から来よりましたが、死なな出られんち、言いよるが……」ちて、話しましたたい。そしたら、「ここは長ういるところやない。早う帰りなさい」ちて、そん時まだ見たこともないお金を三百円貸してくれたとです。そのお金で私たちは借金を払うて川崎へ帰って小屋がけのような家を一軒買うたとです。


　私は婿さんのことをあんまりにも好いちょったき、子どもがボロボロできて、全部で十一人産みました。ところがそん頃は食ぶるもんがない時代で、坑内から上がって乳を飲まそうと思うても出らんとです。そいき、前の晩から水につけちょった米をすり鉢ですってから濾して、砂糖をちょっと入れて飲ましよりました。六人は栄養失調で死にましたけど、それでもよーよー五人が残ってくれよりました。

　みんな貧乏をみて育っちょるき、もう充分苦労を味おうちょるき、今でも銭を大事に使うらしい。年寄りは、「あれはどげんしちょるか？」ちて、くよくよ思うけんど、私は絶対に思いません。もう自分だけのことを考えちょります。偉い人にならんでもいいき、「盗っ人だけはせんごとしよれよ」ち、私はそれだけで子どもを太らしました。

　私は体が中気《ちゅうき》で動かんごとある。そいき、私のような体のもんが子どものところへ行っても難儀させるだけですき、絶対に一緒に暮らそうとは思いません。親が子どものために苦労するとはあたりまえやけど、昔は貧乏して子どもに難儀させてきよったき、今度は親が子どもに孝行せなならん時がきたと思うちょります。

　そいき、貧乏もいいですよぉー。貧乏のおかげでこげん明るくなった。一人ぼっちで、だーれも教えてくれるもんがおらんき、牛歩でも賢くなりますよ。人の気持ちちゅうとがよくわかるようになりますき、お嬢さん育ちをしよったらこうはならんとです。私はここが死に場所と思うとります。くよくよ言うてどげしますか。アンタ！　おもしろおかしゅういかな！

［すやま・うめの　一九一三（大正二）年一〇月六日生まれ］

岡本 リツ

炭鉱が閉山になっても、坑主なん腹一杯儲けてきちょるけど、ウチたちは腹一杯苦労してきちょりますき、もう人間に生まれてくるごたぁないね。「どうぞ最後だけは楽に死なせてください」ち、そう思うだけですばい。

坑内には自分でこうして何年何年ちて、指折り数えよったら二十年近くは下がっとりましょうな。大ヤマも小ヤマも、たいがいのところは行っちょりますたい。

香月《かつき》の炭鉱にいる時は、また朝が早かったですな。朝の三時の入坑ですばい。そいき、夜中の一時に起きてご飯を炊かな間に合わん。大ヤマですき、規則が厳しゅうして少しでも遅れたらもう下がれんと。宇部《うべ》の炭鉱にいる時なん、天井の上は海ですき、ポタポタ落ちよる坑内水を飲みよれば塩辛い。ジーッと静かに休憩しちょれば、「プーッ」ちて、船の汽笛が聞こえよった。ゴットンゴットン汽車の音が響いてくることもある。海の下で仕事をするとやき、やっぱー気色悪いですたい。

戦争時代はまた無茶苦茶働かされましたな。憎たらしいよ、憲兵なん。「さぁー入坑」ちゅう時に、長いサーベルを下げてくさ、高い台の上に乗ってお説教をしよる。「お国のために一生懸命働き、炭壁に体当たりせーっ！」ちてね。そのお説教がまた長いとたい。三十分なんてもんやないとばい。一番方の入坑ちゅうたら、そこの炭鉱では朝の五時。霜の降った冷たい朝に、ウチたちは素足に草鞋《わらじ》。さぶうでたまらんよ。

そんなこんなで、もう考えてみてもわけもわからんげな年になってしもーた。家《や》移りだけでも三十年間に三十回ぐらいしちょるとよ。炭鉱暮らしを長うすれば、もういろんなことがどれくらいあるかわからんと。

生まれたとは熊本の田舎ですたい。お父さんは百姓の人が作った米を馬車に乗せ、熊本の町まで行っては売ってくるげな仕事をしよりました。そうしよるうちに、あずきとか大豆の相場に手を出して失敗しよったとです。借金だけが残って、しばらくはどこかへ逃げてしもーて、家には帰ってこなかったですもんね。後で聞くところによれば、軍隊のボッシュウにかかって台湾で人夫をしておったちゅう話ですたい。その時直方《のおがた》の人と知り合うて、その人を頼って筑豊の炭鉱に出てきちょるとです。

ウチが熊本を出たのが十二歳の時。駅に着いたら煙突から黒い煙がピーッと上がって「一体何ごとやろか?」ち思うて、たまがったですたい。汽車なん初めて見たですもんね。そーして香月にある大辻炭鉱へきたとが十三歳の時。ウチはここで初めて坑内に下がったと。

坑内の仕事はしたもんでなからな、いくら口で言うたっちゃぁわからんですたい。卸《おろし》ちて、切羽《きりは》が函のあるところより下にあるところはテボですたい。真っ暗な中をボンヤリと火のとぼった安全灯をもって、段々を一足一足すべらせんように登っていくんですたい。傾斜はどこまで行っても三十五度ぐらい。そーして函の中に炭を移し込む。採炭は請け負いですき、余計に炭を出さなお金にならん。石炭を掘る人がいて、掘った炭をテボに入れる人がいる。そしてテボをかろーて函まで運ぶ人がいる。三人もやいでするとたい。そいき、一人五函取りするなら全部で十五函かろわなならん。函を一杯にするとにテボで八杯。十五函からうちゅうたら一日百二十回は切羽と函の間を往復せならん。

昇《のぼり》ちて、切羽が函のあるところより上になっちょるところもありますたい。そげなところはテボやなくてスラですたい。スラを曳くところには一本一本コロが地面に打ってある。そのコロに一足一足、足をかけて、後ずさりしながら曳くんたい。そいき、足でも踏み外そうもんなら大ごとたい。三杯ズラちて、三回曳くと函が一杯になりよった。

ウチたちは孔《あな》も刳《く》りきるよ。石炭はやおいき、孔を刳るにも暇はいらん。ところが庭石んげな、かーたい岩に突き当たることがある。そげな時は大ごとたい。先《さき》ヤマさんがチンチン、チンチン水を飲まして叩いて刳れば、後向《あとむ》きもだまって見ちょるわけにはいかん。やっぱーチンチンせな。そーして四本も五本も孔を刳っては、そこにマイトをつめてボンボンボンボンさせるとたい。

坑内には、仕事をしきらんでも函取りだけで下がりよった人もおりなすった。函取りの人は函が来る時はズラーッと並んで番をしちょるが、来んときは他に仕事がないとやき、ウダウダ無駄話ばっかしよるよ。昔、炭鉱には芝居やら浪花節やらがよう来よったが、明けの日の坑内はそれで大騒ぎたい。坑内にムシロを敷いて昨日の芝居の真似をして、エブを持って踊り回ったり、函をひっくり返してその上に乗って歌を歌いよったりで、それこそ函が来るまでは大賑わいたい。そげなことを考えたら、おもしろかったよ炭鉱は。楽しかったよ炭鉱は。


今、自分の人生を振り返って考えよったら、「ようあげな無理をして働いてきちょるとに、どーして九十近くまで生きとるとやろーか」と、不思議に思うですたい。やっぱー寝られん時は考える。怪我をしたこともあった。病気になったこともあった。「ようあん時死なんかったなぁー」と、思うことも何度となくありますたい。

ウチたちはお産をする時でん、直前まで坑内に下がりよったよ。産婆さんが来たら、「家におらん」ちゅう。そりゃーおらんくさ。大きな腹を抱えて坑内に下がっちょるもん。「もう坑内に下がったらいかんばい」ち、言われても、生活のためにはそげなことは聞いちゃぁおられん。昔は坑内で子どもを産みよった人もたくさんおりなすったばい。

ここらあたりの炭鉱が閉山になった時も、ウチたちは苦労しちょるよ。石炭があったっちゃぁ政府が国の方針とやらでみーんなやめさしてしもーて、そりゃー坑主なん次の仕事がすぐ見つかるかしれんけんど、使われちょるウチたちはどげなりますな？　ウチの主人なん真面目一方で、坑主のために随分長いこと働いてきちょるとです。普通なら年金があるとでしょう？　それが一つもくれんですたい。給料からずーっと引かれちょったき、掛けてくれちょるもんと思いよったら、坑主が掛けてくれちょらんとですたい。別れ金を一万なんぼもろーたなりで、年金なん、とうとう貰われんずく。文句を言うたっちゃぁもうどうにもならん。炭鉱が閉山になっても、坑主なん腹一杯儲けてきちょるけど、ウチたちは腹一杯苦労してきちょりますき、もう人間に生まれてくるごたぁないね。「どうぞ最後だけは楽に死なせてください」ち、そう思うだけですばい。

［おかもと・りつ　一九〇三（明治三六）年一〇月一〇日生まれ］

岡田　サメ

「函の頭数に来ておくれ」ち、姉さんに言われて、ウチは函取り専門で坑内に下がったと。スラ曳きなん見るごとは見たけど、そげんとうはしたこともない。採炭の後向《あとむ》きなん、ウチんげなこーまい体のもんがでくるげな仕事やないと。

ウチは十二人兄弟で、上も下もコロコロコロコロ早う死んでしもーた。一番上の兄さんが六十九歳まで生きちょんなったが、長生きのうちやった。私ともう一人すぐ上の姉が九十三歳になっちょりますが、その姉さんが上から六番目。私が下から六番目で真ん中の二人だけが残っちょります。

姉さんは「兄や姉、弟やら妹やらの寿命を二人が分けてもろーちょるとやき、体だけは大事にせな！」ち、言いよんなるが、「大事にせな、ちゅうたっちゃぁ寿命がきたら死ぬるとはしょうがなかろうもん」ち、ウチはいつも言うんですたい。「それはそうばってん、悪いことがあっても無理に薬でん飲んで自殺したりしなんなや」ちて、姉さんは今でんウチのことを心配してくれよる。

そいき、そげん心配するごたぁない。なーんも借金をかろうちょるわけやない。もう嫁さんの貰い手もないほど長生きしてしもーた。もっと早う死なな惜しがるもんもおらんと。

ウチの両親は島根の人で、ウチがまだ腹にも宿っちょらん頃に飯塚さへ出てきたと。話を聞けば「忠隈《ただくま》の炭鉱がいいげな」ちゅうことで、お父さんは若いもんを十人ばかり集めて炭鉱の請負仕事をしよったげな。そしたら兄さんがでくる姉さんがでくるで、産婆さんが、もう私ででけんごと収めちょこうちゅうて、「オサメ」ちゅう名前をつけたんたい。ところが役場の人が「オ」をのけて「サメ」にしちょる。

いっぺんウチは役場に行って怒ったことがある。「サメ、サメちゅうが、オサメちてつけてあったとに、あんた達がオをのけてサメにしちょろうがぁ!」ち、言うたら、役場の人はみんなクックツ笑いよった。そいき、結局私のところでもおさまりきらんで、その後も弟やら妹やらがゴロゴロできよった。

ウチが坑内に下がったのは十六の年。兄弟たちはみーんな炭鉱で働きよった。すぐ上の兄さんと姉さんが一先《ひとさき》で下がりよったが、「二人やったら函が一函しかもらわれん。三人やったら二函もらわるる。あんたがスラやら曳いたりせんでいいとやき、函の頭数に来ておくれ」ち、言われて、そいで下がったと。そいき、ウチは函取り専門たい。スラ曳きなん見るごとは見たけど、そげんとうはしたこともない。

採炭の後向きなんウチんげなこーまい体のもんがでくるげな仕事やないと。昔の炭鉱の採炭ちゃぁ請負で、なんぼ炭を掘ったっちゃぁ函に積んで坑口まで出さんことには銭にならんとたい。そいき、この函を取るとが大ごとたい。もし取り損のうたら次の捲《まき》まで待たなならん。相当の暇がいるたいね。

函を取ったら自分の金札《かなふだ》をそこにかけちょくと。それでも根性の悪い人は、人の金札をどけてどこかへ捨ててしまうとよ。そいで自分の札をかけて知らん顔をしちょる。そげん人も中にはおったとよ。函取りはほんにみんなケンカ腰じゃった。

そげなふうで、ウチは坑内ちゅうても函取りだけやったけど、下がりだして一週間ぐらいたった頃じゃったろーか？　採炭のおじいちゃんが一人、ボタをかぶって死んなったと。そげなんを見よったき、坑内はやっぱー恐ろしかったよ。

坑内仕事は十九歳の時に嫁さんにもらわれたきやめたと。姉さんが「もう他人の嫁さんになったとやき、ウチたちがいつまでも引っ張っちょくわけにはいくまい」ち、言うてくれよった。

姉さんは歌が上手で、そこの炭鉱一ち、言われるぐらい評判やった。ウチたちが捲立《まきたて》で番を取っちょろーがぁ。そん時、姉さんが「函はまだ来んね?」ちて、切羽《きりは》から出て来ようもんなら「ウワーッ!　ナミちゃんが来た。サァー一節歌ってもらわな!」ちて、みんな大騒ぎしよったよ。
昔の坑内はほんとよう賑わいよった。

［おかだ・さめ　一八九八（明治三一）年一月二六日生まれ］

根来 ヨシノ

今でん炭鉱があってんない！
今んごと子どもも悪うならんし、この町もこげん寂れはせんよ。
政府がこーまい炭鉱をみんな取り上げてしもーて、閉山！閉山！では
働くもんもしまいには嫌になるよ。

お父さんが死ぬる時、「家が貧乏で、お前にはなーんもやるもんがないき、わしの病気をあげちょこう！」ち、言いなったもんやき、ウチがそのお父さんの喘息《ぜんそく》をもろうちょるとたい。もういつ死んでもいいとやが、旦那さんの三十三回忌だけはしてやらな。それまではどげなことがあっても死なれんと。早う死んじょるき、ウチが仏様を守っていかなむげないとたい。

ウチは明治三十九年、丙午《ひのえうま》の生まれたい。ピンピンの馬やったが、最近では鏡で自分の顔を見て「これは誰ね？」ちゅうぐらい、もう馬肉どころかスープのダシにもならんき。ウチは体重が二十九キロまで痩せた時があるとばい。今でん風が吹いたらしばらくはしゃがみこまな、ウチの体はどこさへ飛ばされるかわからんたい。

ウチは生まれた時は百姓の子やったが、親が借金を作ってそのお金を払いきらんがために夜逃げをしてこっちへ来たんたい。そん頃、家の近くに炭鉱があって、とにかく坑内から上がって来る人の姿を見ては笑わんじゃぁおれんやった。なんぼ色が白うしてきれいな女ごの人でん、体中に炭をつけて顔なん真っ黒に汚れまわしちょる。それを見て笑うちゃあならんけん、「静まれ、静まれ」ち、自分に言い聞かせよったがやっぱり我慢がでけん。後ろを向いて笑いよった。そしたらなんのことはない。しまいにはウチも坑内に下がることになってしもーた。そん時はもう三十を越えちょったとやないと?
ウチは昔の人間やき、なんぼ難儀したっちゃぁなんとも思わんけんどが、世の中で雷さんとへビだけがものすごう怖いんたい。そいき、毎年夏になるとおり場がないと。ウチは松葉箒ちゅうて、昔竹で作った箒がありよったが、それを作る所で働いちょったんたい。ところが風の強い日にその箒を五、六本肩にかついでいきよったら、ウチの体は風に吹き飛ばされてしまうんたい。それを聞いたある人が、「坑内に下がったら雷さんが鳴るのもわからん、へビも出ん。風で吹き飛ばされることもない。そいき、坑内で働くとが一番いいばい」ち、教えてくれよった。「ホーッ、そげないいとこなら炭鉱へ行こかぁ」ちて、坑内に下がったと。やっぱー雷さんの鳴る夏前からやった。

坑内は雷さんも鳴らんしへビもでん。吹き飛ばされるげな風も吹かんやったが、やっぱー地の底で仕事をせなならんとやき最初はただただ恐ろしい。ドキドキしながら足が一歩も動ききらん。隅の方でかごんじょれば「まぁー、おばさん！　そげんかごむこといるかね？　頭打ちゃぁーせんがぁ」ち、人から言われるぐらいやった。函に乗っても、顔もあげらな手も出しきらん。それでも一カ月もしたら恐ろしゅうこともない。ただ穴ぐらちゅうだけで、ニコヨン*するのといっちょん変わらんごと横着になるとたい。「本線がバレたげな」ち、言われれば「そりゃー捲《まき》が大ごとやろー」ちて、バレたとこへ行ってはサッササッサ修繕しよった。

仕事は後《あと》・先《さき》、組んでいきよったが、ウチの先《さき》ヤマさんなんお爺ちゃんやった。お爺ちゃんやき、ウチんげな素人でも使うてくれるんたい。若い先ヤマについたら、それこそ怒られまわって、しまいにはしばきあげられるちゅう話ばい。同じ坑内でも採炭はなお厳しいと。うっかり採炭現場やらへ行って話でんしようもんなら、ツルを打ち込まれるごとありよった。採炭は三函より四函、四函より五函ちて出せば出すだけお金になるとやき、そりゃーそげんケンカ腰になるやろー。

採炭やら仕繰《しく》りやらはウチんげなもんにでくる仕事やないと。ウチの仕事は日役《ひやく》ちゅうて坑内仕事でも一番楽な、まぁ言うてみれば雑用仕事みたいなもんたい。

このあいだ、家の前を小学生が大勢先生に連れられて歩いて来よったが、そん時先生がランドセルをひとつ持っちょった。そしたら、それを見よった子どもの一人が、「先生、そのランドセルは何かい?」ち、聞くんたい。「これは~君がおなかが痛いち言いよるき持ってあげちょると」ち、先生が言うたら、どの子もこの子も、「ウチかておなかが痛いとに」ち、言いよる。それを聞いてウチはたまがったぁ。昔はあげなことは絶対言いきらんやった。それこそ先生がえずい親がえずいで、もっと人間が素直にあった。今では見上げるげな大きな子どもがズラーッとシンナーを吸いよる。

今でん炭鉱があってんない! 親が子どもを坑内に連れていくとやき、いくら貧乏しよったっちゃぁ今んごと子どもも悪うならんし、この町もこげん寂れはせんよ。こーまい子どもでん、学校の好かん子はみーんな炭鉱で働きよった。そいで十五、六にもなればもう一人前たい。捲方《まきかた》さんになったり棹取《さおど》りさんになったり、先輩の兄ちゃんたちからいろんなことを教わって面白いとたい。シンナーやら吸う暇はないと。政府がこーまい炭鉱をみーんな取り上げてしもーて、閉山!閉山!では働くもんもしまいには嫌になるよ。そいで今では外国から石炭が来よるとばい? ほんとにおかしいごとある。

昔は七輪で石炭を燃やしては魚を焼いたりお湯を沸かしたりしよったが、そん頃からウチの顔には石炭の煙が入り込んでずーっとくすぶっちょる。今はこのあたりの炭鉱もみーんななくなってしもーて、人も町も変わってしもーたが、ウチの顔のくすぶりだけは未だに変わらん。

[ねごろ・よしの　一九〇六(明治三九)年九月一八日生まれ]

*――ニコヨン　一九四九(昭和二四)年に制定された失業対策事業で、失業者が日雇労働者として政府・自治体の土木・清掃事業に就労してきた。失対事業の発足当時、労働者の賃金が一日二四〇円であったことから俗に「ニコヨン」と呼ばれた。

匿名

坑内はそりゃー穴ん中で真っ暗やき、恐ろしいごとあるよ。
けどウチはどげんない。いったん坑内に下がればもう夢中たい。
「男でん何でん来い!」ち、げなふうで、ケンカするげな女ごやき。
昔は女ごもそげんなからな子どもも太りきらんとよ。

苦労はもう人には言われんと。言うても、言うても、言いきらん。涙が先に出よるとたい。今のもんはくさ、「保護」でん政府が出しよるきな。国が太らかしてくれるとやき、「大楽《たいらく》抜かすな!」ち、ウチはほんと言いたいごとある。ウチたちの時代は、自分が働かな食べていかれん時代やった。貧乏してきちょるきな。連勤、連勤で一週間に十方《かた》ぐらい下がった時もあるとばい。

ウチが三つの時に、爺さんが飯塚にある炭鉱へ出てきたと。そいき、爺さんは炭鉱ではあんまり働いちょらん。飲んだくれの遊び手で、女郎買いばっかしちょったと。田舎にいる時は百姓やったが、今で言うたら暴力団げなもんたい。あれといっちょん変わらんよ。大きな家も、なんもかんも売ってしもーて、そいで炭鉱に出てきちょるとたい。

飯塚では兄貴二人とウチの三人で坑内に下がりよった。三人がくさ、どんどん坑内に下がって働いたき、金はジャンジャン入ってこようがぁ。親は結構なもんたい。何十間ちゅう払いに男がズラーッと並んで炭を掘りよる。それを女ごはポッポポッポ、スコで樋に流すとたい。何十本というマイトに火をつけて、バーンバーンちゅう中を這《ほ》うて逃げたこともある。そん時マイトに火をつけるげな女ごは、そこの炭鉱ではウチ一人しかおらんやったとばい。もう坑内では相当恐ろしい目に遭《お》うたけん、平気!平気! もう男!男! 男みたいな女ごたい。

ウチ方の兄貴は払いの責任をやっとったもんね。給料をもろーた時、一銭でん少なかったらくさ、「なんや！ 足らんとやないかーっ！」ちて、食ってかかりよったよ。ウチはそげん性分やったと。子どもの頃から負けず嫌いで激しかったよ。そいき、兄貴もウチには往生しちょるとたい。

兄弟は七人おったが、今はもう女ごしか残っちょらん。妹たちは女学校にも行っちょるし、苦労しとらんき何にもわからんわな。ウチは学校には二年しか行っちょらんとばい。先生からも何度か手紙が来よったが、もう行くもんか。炭鉱で働いたほうが金が取れるもん、学校どこじゃぁない。

坑内はそりゃー穴ん中で真っ暗やき、恐ろしいごとあるよ。けどウチはどげんない。怖いもなんもあるもんか！ いったん坑内に下がればもう夢中たい。負けんとよ。「男でん何でん来い！」ち、ケンカするげな女ごやき。昔は女ごもそげんなからな、子どもも太りきらんと。坑内に下がりよる女ごは男まさりが多かったばってん、そん中でもウチは特別たい。「おまえが男ならこの家はものすごーうようなっちょった」ちて、親はよく言いよった。

十九歳になった時、ウチは香月《かつき》の炭鉱で働きよる人のところへ嫁さんに行ったと。そこでは三年ぐらい下がったとやろーか。それから先は相当あっちこっちの炭鉱をそうついちょるよ。

今のところへ来たとが昭和七年。ここのヤマは働きやすかったですばい。ところがここへ来てから父ちゃんの具合が悪うなって仕事がでけん。そいき、ウチは一人で坑内に下がりよったよ。真っ黒な切羽《きりは》にカンテラをとぼして、一人で掘って二函、三函積みよった。そーして今度はその函を、何百間ちてある本線坑道まで押さなならん。アンタ！ 坑内は坑外の暗闇とはわけが違うとたい。カンテラの火でん消えようもんなら一寸先の鼻先に人が立っちょってもいっちょんわからん、いよいよの真っ暗闇たい。そげなところへ一人でどんどん下がって行ったんやき、ちょっと考えられんと。そん時は「こげなことなら父ちゃんを兵隊にやっちょけばよかった」ち、思うたばい。兵隊へいって戦死すれば、国からなんぼかお金をもらえるとやろー？ 「しもーたことしたねぇ」ちて、みんなで笑い話で話すんたい。

ウチは二十年近く坑内に下がりよったがケガや事故はいっちょんない。それが仕事をやめたらケガばっかしちょる。「坑内やったら金ももらわれたとに」ち、思うこともままあるたい。

今振り返っても坑内はいいなぁ。もう一度生まれ変わってもウチは坑内に行くとたい。今でん炭鉱があれば喜んで下がるごとあるよ。保護なん関係あるもんか！　戦後女ごが下がれんごとなってからは坑外の仕事をしてきよったが、そん頃のことはほとんど忘れてしもーた。そいき、ヤッパー坑内で働いたことだけは忘れきらん。重労働をしてきちょるきな！

今のウチの楽しみちゃぁ、どこでんここでん遊んでまわることたい。家におるちゅうことはまずないと。ウチはどこへ行くかわからん。

［一九一〇（明治四三）年七月一四日生まれ］

石丸　タマエ

そりゃー炭鉱の人はケンカもすれば博打もする。飲む・打つ・買うの三拍子で、銭の使い方も激しかっちょろうばってん、みんなで助け合うて生活してきよったよ。金がなからな借金でんして貸してくれよった。炭鉱ほど生活のしやすいとこはないですばい。

炭鉱のありよる時はよかったーっ。今でん炭鉱があれば下がるごとある！　坑内は冬は温《ぬく》いし夏は涼しい。骨は折ってても金取りがいい。朝が早いでも時間は短い。仕事をきついと思うたこともない。炭鉱ほど生活のしやすいところはないですばい。昔、炭鉱で働きよった人は未だに言うですばい。「何がよかったかちて、炭鉱が一番！」ちてね。今でん炭鉱があって年がいっちょらんやったら、明日にでも坑内に下がるごとある。

戦後女ごを坑内では働かせんごとさせたのはマッカーサーかね？　私たちはほんと恨むごとあったですばい。今なら黙っちょらんよ。失対で鍛われちょるからね。失対はすぐ「押しかけ」をするでっしょうがぁ。新聞も読むき、世の中のことも多少なりともわかってくるでっしょうがぁ。そいき、理屈も言いきるですたい。相手が大きゅうてかなうめいばってん、交渉すればなんぼか違うきね。今でこそ小さな工場でも労働組合を作るげな世の中になっちょるが、あん頃は上から言われたら言われたとおりにせなならん時代やった。世間のことはなんもわからん。今から思えば遅れちゃぁおったばい。女ごを坑内に下げるぐらいやき、遅れちょるとがほんとくさ。

私は飯塚の飯岐須《いぎす》で生まれて、そこの高等小学校を卒業して十九歳で結婚したと。主人は、とっても厳格な両親の元で育っちょるもんやき、人も寄りつかんぐらい真面目一方やったが……なーん、真面目なのはそん時まで。私と一緒になったら親元を離れて自由でっしょうがぁ。遊び事を覚えては炭鉱から炭鉱へ、坑内から坑内へ、なんかなしにあっちこっち回っちょるとたい。子どもの頃、家におる時は米は一俵買いやったが、所帯を持ってからは一升買いもやっとですたい。私はこげん男のごとあるばってん、男はおとなしいのを好いちょったと。惚れた弱みでやりそこのうちょるとたい。そいき、未だに歯痒い。

伊岐須の相田炭鉱から後藤寺《ごとうじ》の手島坑へ行き、私はここで初めて坑内に下がっちょるとです。私は負けん気が強くて男んげな気性やき、なんかなしに怖いもんがないと。初めての坑内も怖いとは思わんやった。後藤寺の次は宝珠《ほうしゅう》山《やま》へ行き、そしてまた相田へもどり、相田から三崎へ来たとが昭和十八年の三月十八日。ここではずーっと車道大工の後向《あとむ》きをしよった。

夜中に車道が倒れた時なん、労務の人は私が寝ちょっても起こしにきよったよ。はよ修繕せな、明けの一番方の採炭がでけんでっしょうがぁ。そいき、夜中に一人で下がりよったこともあるけんど、おかげで男並みの賃銀をもろーてきたですもんね。そーして女ごが下がられんごとなるまで働いて、それから先はガラ焼きですたい。ここが閉山になった時、私は女ごでは失業保険のもらい頭やったと。

それでもね、そん時の生活はひどかったですばい。生活はコトッともいかん。主人は遊び事もされん、酒も飲まれんごとなったら入院ですたい。もう死んで三十年になるが、「生きちょるときに、『こいで所帯せい！』ちて、銭をもろうたことがあるか？」ちて、ウチは今でん言うんですたい。ほんと私一人で子ども五人を育てたようなもんですたい。

失対は閉山になった明けの年の四月二十五日から行きよりました。他は何でん忘れるばってん、私はこれだけは絶対忘れきらん。失対ちゃぁ最初のうちはニコヨンとかゆうて、人間のうちに入れちょらんぐらいみんな嫌いよったばってん、私は失対に入ってからこげないいとこはないと思うた。

失対はわずかのお金でん、毎日毎日でっしょうがぁ。今日の米代がなかっても、明けの日にはもらわるる。ほんと助かったですばい。そいで三十年。ここでは一番古い。そいき、一昨年クビになったですもんね。それから先は「任就*」とかに行きよったが、それが一カ月に十日ぐらいしか働けん。それも二年たったらクビですたい。そしたらもう仕事はされんとでしょうが。そんかわり今度は「シルバーセンター」とかちゅうもんが始まりよるちゅうけんど、あれは個人が家の掃除とか草取りとかに雇うたいね。そいき、私はだいたいが、そげん一人二人でやるげな仕事は好かんたい。

このあいだ町長に会ったき、「なんか仕事ないか？」ちて、聞いたよ。そしたら「年やきなぁー」ち、言いよる。年やき頼むんたい。年やなからな頼まんよ。そりゃー若いもんと比ぶれば仕事はぬるいかもしれんけど、年寄りの方が何でん上手ですたい。昔の人は足の悪い人でも、できんならできんなりに一生懸命しよるよ。そげなんはやっぱー人は認める。若いもんに限って「こんだけやったら、これ以上することはいらん」ちて、気の利いた顎と理屈んじょで体を動かさん。一緒に働いてみて初めてその人間がようわかる。

そいき、仕事ちゅうもんは集団で体を使ってするとが一番いいですばい。みんなでワーワー言いながら、話し合うて助け合うて、そーして初めてストレスもたまらんで働くことができるんたい。仕事に行きよってムカッとした時も、「あんたの言うことは腹がたたん」ち、言われるとばい。むこうがチィートしかけてくればウチもやっちゃるばってん、だーれも受けあわんき相手も偉いよ。死んだ主人が言いよった。「第三者が聞いて、九分九厘までホントちゅうケンカなら徹底的にせい！　後からことわりを言うケンカなら、ハナから絶対にすな！」ちてね。それが主人の遺言やき、ウチもそれを守っちょると。ウチは相手が偉かろうが、どげやろうが、「人と人は五寸！」ちて、いつも言うよ。まがったことは絶対に好かん。

子どもんジョウは、「昔から働きずくめで働いてきちょるとやき、もう働かんでよかろう」ち、言いよるばってん、私はまだまだ働きたらん。お金やないと。いよいよ働くとが好いちょーと。楽隠居をしようとは絶対に思わん。杖をついてでも働くばい。まだまだ力でん人には負けん。

私を一日見てみなっせ。仕事のない日でもジッとしちょるちゅうことがないと。天気のいい日に家の中におったっちゃぁもったいない。春になってちょっと温《ぬく》うなったら、朝は早う起きて畑に行く。ワラビが出だしたら毎日山に行かな気がすまん。ワラビがのうなったら野いちごで、それがすんだら今度は竹ん子。秋口になったらきのこたい。我が山んごとある。冬はなーんもないき好かんたい。

そいで取ってきたものは自分が食べるとやない。みーんな人にやると。すると、人はお返しにタバコをくれたりなんたりするるよ。私は好きでしちょるとやき、「いらん！」ち、言うんじゃぁ。そげなことをするとは、好かーん。最初から何かもらおうと思うてするとやないとやき。

昔、私たちの時代は、子どもを育てる時に貧乏してきよったでしょうが。その難儀しよった時に人から助けてもろうちょろー？　そん時助けてくれた人はもう死んでおらんき、恩返しちゅうことがでけん。そいき、せめて今ん人に私のできることをしてやるとが恩返しの代わりたい。人にようしてやれば、人もようしてくれる。だれもかれも仲良したい。人気もんじゃぁ。

この間も本線を単車で走りよったら、後ろから大きなトラックがブッブッブーちゅう。「こんだけ端に寄っちょるとに、これ以上寄ったら田んぼに落て込むやないかーっ！」ちて、おらんだら、「石丸のオバさん、行きよるなぁーっ！　元気にしちょるなーっ！」ちて、言うんたい。それがどこの誰だか顔を知らんと。「あんた、誰ね？」とも聞けんしね。

こうして今思うても、炭鉱のあった頃が一番いいと。このあたりが閉山になった時はがっかりしましたばい。三井やら三菱やらにほんと言いたいごとある。そりゃー炭鉱の人はケンカもすれば博打もする。飲む・打つ・買うの三拍子で、銭の使い方も激しかっちょろうばってん、みんなで助け合うて生活してきたですばい。金がなからな借金でんして貸してくれよった。主人が倒れた時なん、長屋中の人がみんなで病院にかつぎ込んでくれましたばい。このあいだ子どもに聞きよったら、町では隣同士でも物も言わんちゅう。今はここらあたりも閉山になって、隣もなんもわからんごとなってしもうちょるが、炭鉱の人なら絶対そんなことはないと。

そいき、今は時代が時代やき、若い人に「昔のとおりにせい！」ちゅうわけにもいかん。私たちの時代は七輪に火を起こし、おくどさんでご飯を炊いて、子どもを学校に送り出してから坑内に下がりよったんやき、確かに体だけは使うちょるよ。今は座っちょっても、ご飯がでくる洗濯はでくるで、楽なもんよ。「昔のことを思えばなんぼでん仕事がでくる。よこうちょる人の気がしれん！」ち、言いたいごとある。

　そいでもウチたちは、子どもをおっぽらかして働いてきよったでしょうがぁ。やっぱー可哀想な目に遭わせてきちょるでっしょうがぁ。そいき、息子の嫁さんにも「子どもをあずけて働くとはむげないき、働きなんな」ちて、言うんたい。今の人が昔のような生活をする必要はないと。昔の人はそんだけ開けんじゃったんじゃき。今の人は今の時代の絵を描いていかな！

　人は「あんたは百まで生きるばい」ち、言いよる。おかげでこの年になるまで医者に行ったことがない。年寄りが杖をついてヨボヨボ歩きよるのを見るとむげないたい。あげんならんうちにはよ首吊って死なな！

［いしまる・たまえ　一九一六（大正五）年四月一五日生まれ］

＊──任就（任意就業事業）　一九八六年度から開始された事業で、失対引退者に対して生活激変の緩和をはかるため、国及び地方自治体が任意的に就業の機会を与えたもの。

中村　シズ

なし、こげん働かな生活していかれんとやろーか？
炭鉱の仕事をして、百姓の仕事をする。こーまい時からがむしゃらに使うてきた体じゃぁ。
今はいよいよ体が動かん。五体がくずれてしもーたんたい。

　私はこの村の生まれですたい。昔、自分たちが生きていくために坑内に下がって働いたこととか、百姓をして苦労してきたこととかは、もう近所の人しか知らんもんね。私が生まれた時、お父さんとお母さんは百姓で、田んぼも二反ばっかしあったんたい。ところが近くに炭鉱がでくるごとなって、「ここらあたりは捲《まき》がかかってボタで埋まる。炭鉱の妨害をすることはでけんとぞ」ちて、そん頃のお金で安うして炭鉱に取られたわけたい。それも、アンタ！　百姓に地を買わすために国が貸してくれたお金でやっとのここで手に入れた田んぼですたい。毎年のお金を払うて、ようよう自分のものになったちゅう時に、もう忘れたけんど、なんぼやっちょろーか？　田んぼ二反が三十円かね？　そげな値段で炭鉱にタダんごとして取られてしもうたわけたい。そいき、自分の田地《でんち》ちゃぁひとつもない。親は私たち子どもを育つるために、四反あまりを借り受けて、米やら麦やらを作らしてもろーちょったとたい。今で言うたら小作たい。

　お父さんは昔……日露戦争かね？　兵隊に行きよったら、それがもとで「こーぶが痛い、こーぶが痛い」ちて、背中んじょを痛がりよったよ。それから喘息《ぜんそく》がおこって福岡の病院に検査に行ったけんどが、「手術をしても死ぬる、せんでも死ぬる」ちて、言われよったらしい。「どうせ死ぬなら痛い目に遭いとうにない」ちて、お父さんは手術をせんで帰ってきたわけたい。昔は今んげな制度じゃない。病気をしたら現金で払わなならん。そんなわけでお父さんが可哀想、お母さんが可哀想で、私もこーまい時から一生懸命頑張ってきたんですたい。

私は学校にもやってもらえんで、六歳の時から家の加勢をさせられよった。麦刈りとか稲刈りとかをする時は、一株でも二株でもいいちゅうことで、お父さんから石を打ち掛けられながら働かされよった。お父さんは明治の軍隊育ちやき、「敷居を踏むな！　敷居は男の頭ぞ！」ちゅうぐらい、そりゃー厳しい人やった。そいき、お母さんもお父さんには苦労しちょるよ。我が体の自由がきかん歯痒さもあっちょろうばい。

当時、大峰の二坑の引込線の方には炭鉱住宅がずらりありよった。私は九歳になった時、そこまで肥やしを取りに行きよった。桶を前後ろに担いで山を越え谷を越え、歩いて歩いてようよう着きよったよ。行き戻り二時間じゃぁとてもやないが帰りつけん。それを一日二回は行きよった。今は自分の肥えも役場に取りに来てもろーちょる。情けないこってすたい。水は一日二十荷ぐらいからいよった。それも谷の下ん方にある井戸まで行きよったが、その井戸もしまいには炭鉱がでけて水が涸れてしもーた。

そいで十歳にもなれば今度は守り奉公たい。そげなふうで、こーまい時から人間が正直で働くばっか。人は私のことを「がめ」ち、言いよった。「こけても牛のクソでん摑まな起き上がらん」ち、言われるぐらい働いてきよったが、それでも農業だけじゃぁ食べてはいけん。お父さんに美味しいものを買うて食べさせたいわ、薬も買うて飲ませたいわ、息がしやすいように酸素を送る機械を買うてやりたいわで、十二歳の時にいよいよ坑内に下がりたったんですたい。

一番ハナの仕事は坑内に風を送る仕事やった。なんぼ捲もない、担《にな》いあげのこーまいヤマでもガスはあると。中に空気を送らなカンテラの火もとぼらん。ヘェッヘェッヘェッちゅうて息もでけん。それからしばらくして採炭の後向《あとむ》きに行くごとなったが、それがセナですたい。セナはいよいよの地獄じゃった。近くの籠屋さんで、こーまいザル籠んげなものを二つ作ってもろーて、そこにレンガを二枚ずつ入れるんたい。それを前後ろで担いでは家の庭で稽古をしよった。ところが人がどうにかこうにかすれ違うぐらいの小ヤマのことですき、家でなんぼ稽古しよっても右に左にヨレヨレするたんびに壁にぶつけて、上がった時はクレしか残っちょらん。こまい炭はカゴの隙間からみーんな落ちてしもーちょる。やっぱーセナには苦労しましたばい。そいで、ハナにもろーたお金が一日三十銭。三千円じゃぁないとばい。昔の銭じゃからね。ぼちぼち慣れてからは、「バラ一本がなんぼ」ちて、なりよった。たしか一円二十銭ぐらいやないと。そん時、米一升がなんぼしよったか？二十八銭と三十銭の米があったと思いよるが……。そん頃には私も十三、四歳になっちょるとたい。

お母さんはずーっと一人で田んぼの仕事をしてきよったよ。そいき、私も坑内から帰れば弁当箱を畦の横に置いて、お母さんの加勢をせなならん。そーして夕方家に帰って、ご飯を小ぶりに食べてまた田んぼに出るんたい。二番で下がる時は、家に帰るとがたいがい夜中の二時を過ぎよった。そいき、一眠りしてから明けの朝、お母さんと一緒に出るんたい。日曜ちゅうても、いっちょんよこわん。採炭は日曜は休みやったが、「なんでんいい、仕事がある時は私にさせちょくれ」ちて、本線坑道の掃除なんかをしよったよ。

十二歳で初めて坑内に下がって、セナだけでも六、七年はしちょろう？　それから先はテボからい。二十歳を過ぎてスラを曳いた。函ヤマにも何年か下がりよったが、そこはスコで炭をトラフの中にどんどんすくい込むだけやった。そげなんはいくら坑内ちゅうても、どげんもない。セナだけはやっぱり地獄じゃった。そうやって、小ヤマでも女ごを下げんごとなるまで働いたき、坑内だけでも十五、六年は下がっちょろう？　炭鉱だけでも長いこと働いてきちょらーね。

この間も鉱害事業団*の人がきて、「おばちゃん、炭鉱のこと詳しいなぁ」ち、言いよった。詳しいもなんも自分が下がっとるとやき。ここらあたりの地の底は、あんまり深くないところをタスキをかけたごとく掘っちょるき、もうスットントンたい。なーんもない。宙の上に家を建てちょるげなもんたい。いつ埋まれ込むかわからんと。

そんなこんなで結婚したとは、ようよう三十歳の時ですたい。あん頃はお父さんも私も、子育てするとにミイラのごとなって働いてきよったとです。弁当をこしらえても、お父さんのなん卵の端くれしか入っちょらん。それでも子育ての時は夢があった。今ん若い人は「子どもはつくらん！」ちゅう。まるでドロを捏《こ》ねて人形でん作るげなふうにしか考えちょらん。人間は「子どものためにあれ食べさせよ、これ食べさせよ」ちて、思わなつまらんばい。若いもんの代になって、難しい時代になったばい。そいで、「ジジ抜きババ抜き」ちゅう。どげしてこげな時代になってしもーたんやろうか？　昔はどげな厳しい中でも親の面倒だけはみてきよったが……。

私たちは「子育てをするとに苦労した」ちゅうけんど、明治の人はなお苦労しちょるよ。私のお母さんは子どもを十二人産んじょるが、私たち以上に労働が激しい時代やき、最初の八人まではみんな死んじょる。九人目からようよう命があるとたい。八人目の子どもが腹に入っちょる時、お母さんは添田《そえだ》の先にある小ヤマに働きに行っちょったんたい。ここから歩いてとてもやないが一時間じゃぁ行きつくめい。一日坑内に下がって、その帰り道のことですたい。家の近くの山のテッペンまで来たら腹がせいてしょうがない。押さえ押さえしたものの、たまらんでしゃがみ込んだら股の間から赤ちゃんの頭が出かけちょったげな。その出てきた頭を手で中さへ押し込んで、ようよう家に帰ってお産をしたが、ヤッパー死んで生まれてきちょると。十二人産んだ子どもの中で、たった一人の男の子やったちゅう話ですたい。私たちの苦労はまだまだ楽なもんですたい。

このあいだ病院に行ったら、「背中の肉が固まって注射がでけん。こげん体がひねくれるまで働いてどうなるね」ちて、先生が言いなった。そいき、今頃言うたっちゃぁしょうがない。その日その日、その時代その時代で生きていくためには、そげんして働かなしょうがないとたい。炭鉱の仕事をして、百姓の仕事をする。こーまい時から、がむしゃらに使うてきた体じゃぁ。五体がくずれてしもーたんたい。今はいよいよ体が動かん。心臓発作は出る。目は手術する。神経が固まってしもーて、手を開かな腕の疼きが止まらんと。顔に手が届かんき髪の毛も梳《と》きらん。腰も曲がってしもーて格好もなんもありゃぁせん。体ももうすこし大きいごとあったが、年をとってからこもうなった。今は病気で暇をもろうちょるとたい。

そげな自分の姿を見よったら、「人間ちゃぁ嫌やねぇ」ち、思うばい。なし、こげん働かな生活していかれんとやろーか？　私は「鳥に生まれてくれればよかった」ちて、いつもお父さんに言いよった。鳥は偉いばい。大空を自由に飛び回って、家を建てるちゅうても金はいらん。子どもが遠くにおっても汽車に乗ることもいらん。お金がかからんでいいばい。「そいき、海の上で羽がバタ疲れたら終わりばい」ち、お父さんは言いよんなったが、海の上で死ぬるとならこんなにいいことはないばい。もう今は夢もない。お金もいらな、家もいらん。なーんもいらん。はよう火葬場に行って骨にならな！　親がはよ死なな子どもも大人になりきらん。昔の人間はちょうどいい頃に死によったが、今の年寄りはあんまり長生きしすぎていかんばい。

［なかむら・しず　一九一八（大正七）年六月六日生まれ］

*——鉱害事業団（石炭鉱害事業団）　石炭の採掘に伴う農地の陥落や家屋の傾斜などの鉱害に対処するために復旧計画の作成や工事の施工また賠償及び防止資金の貸付など鉱害処理全般を対象とした特殊法人。一九六八年設立。

南 ヤエノ

ウチは地のもんで旅をしちょらんき、炭鉱ちゅうても平々凡々の人生たい。
そいき、働くとだけは働いた。坑内仕事でん土方仕事でん、
いっちょん苦にならんやったが、満州からの帰りの道中だけはさすがにしびれたばい。

ここは便利がいい。山は近いし、川もある。焚きもんは取りに行けるわ、洗濯はでくるわでね。昔はそこの川もきれいやった。魚はおるしシジミもおる。今んごとゴミなん一つも落ちちょらんと。メダカなん、なんぼでん走りよったよ。

あの頃はこの辺の家はどこも同じで、ご飯を炊くとに「さぁー米がない!」升《ます》を持って行っては「あんた、五合がとこ貸しない!」ち、げなふうで、そいで帰って来たらこんどは「醤油がない! 塩がない!」で、ご飯時になったらみんな近所の家を走り回ったですばい。そげなふうやき、ただ酒を飲んだりただ飯を食うたりしに来る人も多かったと。「今日はチィートおかずが足らんごとあるき、誰かが来たら困るばい。いつもより一時間なと早うご飯を食べよか」ちて、食べよるとヒョロッと来る。毎日毎日、ご飯食べよかちゅう時間になると間違いなくヒョロヒョロやって来ると。「あっこの家はそろそろお膳が出る頃やろう」ちて、覗いちょるんやろーか。酒も一升瓶が三日と続くことはない。「あーこれで二日続いたき、今晩あたりは誰か来るばい」ちて、思いよったら、やっぱりヒョロッとやって来る。昔はそげなふうで、今と違うてお互い助け合うて生活してきよったき、そげなところがよかったですたい。

ところで、ウチは炭鉱ちゅうても地のもんで旅をしちょらんき、人に聞かせるげな面白い話はないとばい。これといってたまがることもない平々凡々の人生たい。そいき、働くとだけは働いた。ウチは小学校六年までは行ったんたい。そしたら親が「高等へ行け！」ちゅう。「学校は好かん！」ちゅうたら、「なら裁縫へ行け！」ちゅう。そーして裁縫へ行ったところが、そこの先生ちゅうとが同級生のお母さんやった。そいき、先生の子は高等へ行く、ウチは裁縫へ行くで格好が悪いたい。ウチは「もう裁縫には行かん。仕事に行く！」ち、言うたんたい。ところが、「さぁー仕事」ちゅうたっちゃぁ、ウチはこげな性格やき事務屋には向かんし、仕事も今んごとないがぁ。そこで「坑内に行こー！」ちゅうことになるわけたい。坑内に下がればその日から銭も取れるきね。それがウチが十二歳の時のことですたい。

　小ヤマには何年下がったかね？　たしか三十四、五歳ぐらいまでは下がっちょろー？　そいき、坑内だけでも二十年以上は働いちょるとたい。それから満州（現・中国東北部）に奥さんで行って、戦後はずーっと土方たい。満州には五、六年いて、日本が戦争に負けて一年たってから引き揚げてきよったが、そん時の帰りの道中にはさすがにしびれたばい。命がけの見物やき。危ない目にも遭うた、楽しいこともあった、変わったこともあったで、やっぱー四苦八苦して帰ってきちょるよ。

　初めて下がったヤマは捲《まき》もなーんもない。からいあげの、いよいよの小ヤマやった。最初は私と姉さんで、お父さんの後向《あとむ》きをしよった。お父さんは伊予の松山の三男坊やったが、「粟《あわ》の飯は食いたくねぇ」ちて、旅から旅の生活で、なんでも山口県の方へ出て金山《かなやま》坑夫をしちょったげな。

　昔はここらあたりは狸掘りちて、こーまい炭鉱がどこでんここでんありよったよ。そげな小ヤマはセナたい。竹で編んだまーるい籠を、そりゃー今ん人なら片一方でもかかえきらんとを前・後ろにふたーつかろうて上がるんたい。「百斤《きん》籠」ち、言いよった。

　腰にセナ棒を担《にな》えば、棒のあたったところは肉が骨にひっついて窪んでしまうとたい。ヤケちゅうとは、その窪んで黒うなったところにできるできもんのことたい。それが痛いでたまらん。そいき、それを「痛い！」ちて、仕事をよこいよったらずーっと膨れて、それこそ三日も四日もよこわならん。少々痛いでも我慢してセナを担えば、膨れあがらんずく自然に固まってしまうんたい。セナ瘤《こぶ》ちて、セナを何年もやった人にはみんなできちょるよ。ウチもまだなんぼかその瘤の跡があるとたい。

　セナを担うげな小ヤマは、働く人ちゅうても十人おるかおらんかばい。何千人ちておる大ヤマのように仕繰《しく》りとか採炭とかも決まっちょらん。枠を入れるんでも柱を打つんでも全部自分でせな。繰込《くりこ》みとかそげなんもない。目が覚めてご飯を食べたら「さぁー行こかー」ちて、我がいい時に行けばいいとやき。そいでバラ一本がとこ積んだら「今日はこのへんで止めよかー」とか「まちっと積もかー」ち、げなふうで、好きな時間に行って好きな時間に帰ってくればいいとたい。そいき、たいがいはバラ一本ぐらいしか出しよらんじゃった。そうくさ、あの大きなバラに山盛り積むとやからね。

　そげな小ヤマやき、長うはもたん。せいぜいもって二、三年。ウチも二十年ぐらい働いて、やっぱー十カ所ぐらいは変わっちょるばい。ここがしまえたらあっこを開けて、あっこがしまえたら向こうを開けてで、そのたんびに芝ハグリですたい。

　ウチは働くとはどげな仕事でもいっちょん苦にならん。そいき、坑内に下がるとも辛いと思うたことは一度もないと。ドットンドットンする仕事を好いちょるとやき。他人先ヤマでん怒りちらかして仕事をしよったばい。

　一度ウチについた先《さき》ヤマさんが「あの女ごと仕事をしよったら殺されてしまうき恐ろしい」ちて、逃げていってしもーたことがある。ウチは三函出してもまだ「止める」ちゅうことを言わん。「おいちゃん！　まだ早いき、まぁー一函出そかぁ？」ちゅうと、「うん」ち、言いよる。そいで一函出すと、「まぁ一函出そかぁ？」ちゅうもんやき、人が三函出しよった時には五函ぐらい出しちょると。そいき、「恐ろしい」ちて、その切羽《きりは》がしまえたら来んごとなってしもーたと。

　そげなふうで土方仕事も同じこったい。ウチは「きつい」とか「汚い」とか「いや」とかちゅうことは絶対に言うたことがないと。どこでん先になって「サァーやるぞ！」ちて、やりよった。

　ある時抱えきらんげな大きな石を動かさなならんことがありよった。それを見よった石屋が「オバサン、誰かおろうが？　人に頼んで持って来てもらいない」ち、言うき、近くにいた男に頼んだら「他のもんに頼みない」ち、言いよる。そいき、「エエイ、クソ！　もう頼まん！」ちて、ネコをひっくり返して一人で持って行ったんたい。「なしか？　おばさん、一人で持った来たんかい？」ち、石屋が言うたよ。「そこの爺さんに頼んだら誰かおろうが、ちて動かんばい」ちゅうたら「うぅーん、あのクソ爺がのぉー。おばさんなん使うてから……」ち、言いよった。そげなふうで大きな石もどんどん運びよったよ。娘時代から坑内で二十年以上も働いてきちょるとやき、足腰は十二分に鍛えちょるよ。

若いもんでんグズグズしよれば、こき使って仕事をしよったばい。仕事に来ても、いっちょん体を動かさん若い男がおりよった。「あんちゃん！　お前は、なしか？　今日はグズグズしよるが……仕事したくないとか？　したくなけりゃーオバサンが一人でやっちゃるき、そこで寝ちょきない！」ちゅうたら、「寝るー」ちゅう。「ホーッ。寝ちょきないち言われて、おまえは寝るとか？　寝るなら最初から来なばい！　金が欲しかったら仕事しない！」ち、げなふうたい。

百姓の家の地上げをしちょる時、その家の人が「オバサン！　あんた、一体なんぼになると？」ちゅうき「年ね？　さぁーウチはなんぼになるとやろーか？」ちて、ひょうくらかしちょったら、隣の人が「来年でもう八十ばい」ち、言いよった。「ホーッ、八十ねっ！」ち、たまがっちょったよ。土方をしよるとこの社長も、「一体いつまで仕事に来るとか？」ちゅう。「なしか？　いつまででん働いて悪いとか？」「いや……悪いことはないけんど……」ち、げなふうたい。死ぬまで働くつもりやったが、まぁー半年行ったら八十になるちゅう時に足の骨を折って、それで止めたと。骨を折らな八十の上まで働いちょるよ。

満州へ行ったとは、昭和の十六、七年の頃やった。オヤジが満州にあった炭鉱の係員になりよったき、それに付いて行ったんたい。船で朝鮮に渡って、そこからカタコトカタコト汽車で広っぱを二日も三日も走るんたい。そーして行ったところが鶴岡県《カクコウケン》鶴立崗《カクリッコウ》炭鉱とか言いよった。

満州は広いばっかしたい。寒《かん》が激しいき、立ち木もあっちにパラパラーッ、こっちにパラパラーッちて、伸びきらん。「父ちゃん！　ここは炭鉱ちゅうが炭がいっちょんないね？」ち、言うたことがある。こうぐるり見よっても全部広っぱでボタ山が一つもないと。ところがようと見よれば、地を段々と掘り下げていきよるもんね。露天掘りたい。

あっちは地をはぐったら全部石炭やもんね。日本じゃぁ地の底に入らなならんとに、ようあげな炭鉱があるもんたい。

スイカの飛行場に避難しちょる時、日本は戦争に負けた。天皇陛下の挨拶をラジオで聞いてみんな泣きよったばい。そいき、なんを泣くごとあるかね？　そこには一カ月ぐらいおったが、その間に十歳以下の子どもは殆ど全滅やった。食べるもんはない、飲む水は汚いで、みーんな疫痢にかかって死んでしまうとたい。ハナは一人か二人やった。そいき、一つずつ穴を掘っては土を被せよったが、日がたつうちに五人になり十人になりで、しまいには大きな穴にまとめて埋めよった。広場が全部墓場になってしもーたと。

ウチの子どもは上が四年生で下がまだ三つか四つやったが、おかげでフがよかった。下のが鼻みたいのをビチビチしよったが、途中で止まって助かっちょるとたい。ウチと一緒に逃げた隣組の人は子どもを五人連れて出たが、一番上の子が残っただけで後の四人は全部死んでしもーたとやき。

避難先の飛行場におる時からしてそげなふうやき、いよいよ引き揚げる時がまた大ごとたい。団体からちょっとでん離れたら、どこさへ行くかわからん。「はよ来んね！はよ来んね！」「ついて行かな！　ついて行かな！」ちて、行きよるうちに、どさくさの中で手を離したりして生き別れになったりするんたい。

男の子と女の子の二人連れて来ちょんなる人がおったと。しばらくして見よると女の子がおらんたい。「おいちゃん！　あんた娘をどげしたと？」ち、聞いたら、「中国人にやってきた」ちゅう。「あんた、もう何日かしたら日本へ帰れるちゅうとに、なしそげんことするね？　誰にやったね？　コソーッと行って取り返してきてやるき教えない」ち、言うたけんど、とうとう教えんやった。

ウチも一度、中国人から「子どもがおるか？」ち、聞かれたことがあるよ。「おるばい」ちゅうたら、「何人おるか？」ちゅう。「二人たい」ちゅうたら「子どもを一人くれ」ち、言うんたい。そいき、「日本に帰ったら家もあるし親もおる。お金もたくさんあるき子どもはやられん」ちて、ホラ吹きよったよ。

そりゃー当時の引き揚げる日本人の姿を見れば、可哀想やき「引き取って育てる」ちゅう中国人も多かったやろう。途中で病気で死なすよりも中国人に育ててもろーた方がいいと思うた日本人もいたやろう。後で迎えにいくつもりで付き合いのある中国人に一時預けた人もおれば、子どもと一緒に残るちゅうた人もおったと。そいき、中には自分が食わんがために子どもを売る人もおったと。

ウチたちは炭鉱でいっちょったき、こうりゃんとか味噌とか醤油とか、少しずつでも配給がありよったが、開拓団で入った人たちはそげなもんはなーんもない。あの引き揚げのドサクサの中で食べるともないとに、どげして子どもを養いきるね？

そげなふうで、ウチの一代はようもないけど悪うもない。炭鉱生活も、食うつ食われつで働きよったら悪かろうが、ウチ方は親子四人で、母さんが所帯をして他の三人が下がるとやき、まぁまぁお金は裕福たい。あんまり貧乏はしてきちょらん。自分が働くき、金に苦労ちゅうもんがないがぁ。満州にいる時だけ奥さんで、オヤジに食べさせてもろーたが、それ以外はずーっと働いてきちょるきね。男が働いてきたのを待っちょれば苦労があるけんど、自分が先になって働くき金が自由に使われるやろー？　買いたいもんはどんどん買えるし、旅行でんどこでん行かるるやろー？

今の楽しみはテレビを見て、人と話をして、眠とうなったら寝て、家のぐるりをまわって……そりゃー昔と比ぶれば今の時代の方がよかろう？　ウチたちの時代は学校へ行くちゅうたっちゃぁ、袷《あわせ》一枚ばい。肌着もなからな腰巻きもないんばい。破れた着物を着て、冬は鉄砲袖一枚。袖は鼻を拭き拭きしてノロノロになっちょる。男の子なん、すりきれ一枚に縄の帯。雨の降る日なんかも、みんな裸足ばい。下駄とか履いて行きよったっちゃぁ、昔のドボドボ道に間に合うもんか。

年寄りでん今は政府から金をもろーて、ワイワイがやがやゲートボールでん一日して、たいして悪うないでも病院に行ってドサッと薬をもろーてくる。昔の年寄りはそげなことをしよったら首を吊らなならん。暇さえあれば大根でん、人参でん、菜っ葉の一枚なと作らな食べていけんとやき。

仕事をしよって元気なうちは昔のことなど思い出すこともなかったとやが、この年になってなーんもせんごとなったら、なんやらかんやら思い出すんたい。セナを長いことしちょったが、そん時シュモクちゅう杖をつく。そいき、今でんウチの指は人差し指と中指が曲がっちょるよ。この指を見るたんびに、「あーあ、この指もようけ働いてきたきねぇ、こんだけ曲がってしもーて可哀想」ちて、思うんたい。

十二の時からあと半年で八十ちゅう時まで働かしてもろーて、人生こんないいことがあるもんか。写真も撮ってもろーたし、さぁーまぁ一遍嫁さんに行こーっ!!

［みなみ・やえの　一九〇七（明治四〇）年一月一日生まれ］

松岡　ハツエ

子どもたちは、「母ちゃんは働くよりほか何ひとつしきらん」ちて、言いよるが、ウチたちは部落差別のために貧乏してきよったき、借金を返すためには人の倍働かな。人間生きちょる間はコツコツ働かなつまらん。

炭鉱の歴史は部落の歴史でもあるんですたい。まかり間違えば死ななならん地の底に下がってお金を稼ぐちゅうことは、貧乏な部落の人でなからな、なかなかしきらんですたい。昔、勾金《まがりかね》の炭鉱でガス爆発がありよったが、死んだ人やらケガをした人やらを調べていったら部落の人間が多かったちゅう話ですたい。そん時、私の弟も命だけは助かりよったが従兄弟《いとこ》やらは死にました。

徳川時代のエタ、非人ちゅう身分差別の中で、部落の人は貧乏してきちょるでっしょうが。部落の田んぼは土地も痩せて、米もなかなかできらんとです。そこへいくと炭鉱は身ひとつあれば他にはな―んもいらんですき、みんな食べるとに困って炭鉱さへ行くんですたい。

ウチは「三つ、四つ」ち、言えば嘘やけど、五つ六つの時から弟の守りをするとに坑内に下がりよったですばい。そこの炭鉱ちゅうとが切羽《きりは》からセナで担《にな》いあげても坑口まで五分とかからん。事務所ちゅうても畳二枚敷きぐらいの広さの丸太小屋で、そん中に役人も入っちょら―働く人も入っちょる、ちゅうげな、いよいよの小ヤマですたい。ウチは雪が降るとに弟を背負うて、お父さんとお母さんが上がって来るのを坑口で震えながら待っちょったのを覚えちょります。もう七十年以上も前の話たいね。

仕事で坑内に下がったとは松岡に嫁に来てからですき、ウチが二十五歳の時。そいき、五、六年しか……いやいや、戦時中主人が兵隊に行っちょる時も一人で下がりよったき、もう少し働いちょります。やっぱー天井のひーくい小ヤマで、セナを担ったりテボをかろうたりしましたばい。坑口から鉄のロープが下がっちょって、それを握らな登り降りがでけんぐらい勾配が激しいヤマもありよった。今は運動でもこーまい時からするでっしょうがぁ。坑内にも七つ八つから働いてきちょる人は骨もやおいき、どげなひーくいとこでもチョロチョローちて行ききるですたい。ところがウチは二十五になってからでっしょうが。ちっとやそっとの難儀やないですたい。坑内にはシツジちて、水がジョンジョン降るところがありますたい。切羽へ行くにはどーしてもそこを通らなならん。そーすると背中にできたヤケがびっしょり濡れて、もう痛いで痛いでたまらんですたい。

「お父さーん、もうご飯なん食べんでいいよぉー。三回食べるとに二回でいいきねぇーっ。ウチはもう明日から坑内には下がらんばーい。あんた一人で下がりなーい。ウチは選炭でん土方でん行くばーい」ちて、泣きながら言いよった。そうすると主人は「おうおう、そうかね。なら今日はもうやめようかね」ちて、バタバタ後片付けをしてくれよった。「セナを三日したら親の恩がわかる」ちゅうぐらい、セナはいよいよの地獄じゃった。這《ほ》うて回るごと五体が痛うして、お便所へ行ってしゃがむこともでけん。「あんなに仕事をするハッチャンが、そげん言うとはよっぽどやろう」ちて、みんなびっくりして言いよった。ところがどういうわけか明けの日になったら痛さがなんぼかいいとたい。そいき、朝になればまた下がらなならん。

それで今、年金をもらいよるとこですたい。昔の小ヤマに下がったことのある人は、這うていくげなところで働いてきちょりますき、そげん骨折ったとが今んごろになって出てくるんたい。足が痛い腰が痛いで、アンタ！　その痛さだけが年金になっちょると。主人も坑内に何十年ちて下がってきよったが、昔のことでっしょうが、お金なん一つももらいださんで、やっぱー痛さだけが年金ですたい。

主人はこーまい時からの炭坑太郎やき、坑内仕事は何でんかんでん上手ですたい。草鞋《わらじ》もはかんずく、裸足のまんまでどんなところもチョロチョローちて行きよった。セナを担うて行くんでも品がいいで、シュモクちゅう杖を使うこともいらん。ちょっとしたボタぎれをひとつ拾うてはチョンチョンチョンちて、籠を調子で震わせながら上がっていきよった。

あん頃は一番方なら朝の四時、二番方なら昼の二時。主人と二人でビーチャビチャ道をドッカドッカしながら行きよった。そーして仕事が終われば、畳二枚敷きぐらいの風呂に入って帰るんたい。体中真っ黒になった石炭の微粉も洗い流さんまま、おしりをちょっとザブザブしただけでジャブーンとつかる。お湯はもう真っ黒うしてドロドロになりよったが、それでもみんな平気な顔をして入りよったよ。

ウチは自分が部落ちゅうことは子どもの頃からわかったですばい。お父さんのツルハシを焼きにいったら「エタゴロ！　エタゴロ！」ちて、石やらを投げ付けられたですき、こーまい時から身に染み込んじょります。八番目の子ができた時、お父さんは「ここにおったら子どもがいじめられて可哀想。だーれもおらんとこなら、いじめられることなくのびのび育つやろう」ちゅう考えで、行ったところが新《しん》入《にゅう》の山ん中ですたい。

お父さんは丸太で柱を組み立てて、屋根にはワラを置き、壁は一握りずつ編んだワラで周りを囲んで作りよった。床もムシロの上にワラ。そーしてお父さんは新入炭鉱に働きに行き、お母さんは近くのボタ山でボタ拾いをしよった。ウチはお母さんの後から一番下のヤヤを背負うて、雪の降るとに山ん中を踏み越え踏み越え泣きながらついていきよった。ウチたちが新入にいる時はそげな生活ですたい。ところがウチが大きくなってから、お父さんは「子どもが太りざかりで知識のつく時に、山ん中さへ入って人と接触させなんだのは自分の考えが間違うちょった」ちて、謝りよった。

ウチは解放運動で全国を回りましたが、あの頃はどこへ行っても部落の村は「あーっ、ここは部落」ちて、コトッとわかるんですたい。一般の家は庭があって塀壁がある。植木も植わっちょる。ところが部落の家は塀壁もなからな植木もない。家の壁は粗壁ちてドロですたい。若いもんが旅に出よれば、好き同士になるちゅうことがあるでっしょうが。ところが相手の親が、田舎の実家を見に来よればすぐに部落ちゅうことがわかってしまう。そうなったらもう貰われん。

このあたりでも、たった一つ峠を越えたらもう「向こう口」ち、言われたんですばい。「みんなあの村さへ行くな！　恐ろしいばい！」ち、言いよった。部落へ行けばケンカを吹っかけられるちて、もう決めてしもうちょる。老人の日ちて、ありまっしょう？　あげな日でも「部落のもんは汚い！」ちて、絶対に食べ物には寄せつけん。神幸《じんこう》に出す御輿も部落のもんなんあたらせん。

「そういう差別があったらいけんき、みんなでなくさな！」ちて、一般の学生さんが解放運動に入り込んで来るんですたい。そいき、自分が実際に差別されたり苦しい思いをしてきたことがないき、理屈だけでは本当の差別はわからんですたい。ウチたち部落のもんは差別がなくならんかぎり、いつまでたっても逃げきらんとでしょうが。書物とか理論とか会議だけのことやないと。

私が田川の婦人部長をしちょった時、全国集会に行けば「松岡ハツエ」ちて、自分の名前を書かなならんとに、ところが私はそれを書ききらん。それからですたい。私は自分の名前を書きたいばっかりに、字の勉強会を始めたんですたい。文部省へ交渉に行った時、偉いお役人さんが、「今時学校も行っとらん、字も知らんちゅう人は日本にはおらん」ち、言うんですたい。そいき、「いいや、ここにおる！　一般の人は百人のうち九十九人までが学校に行っちょる。部落のもんは百人のうち一人か二人しか行っちょらん！　私は一日も行ったことがない。そいき、他所の家の二階を借りてミカン箱を並べて識字学級をしよる！」ちて、言うたことがありますたい。

私はとにかく字が欲しかったと。ここに公民館が建ってからも、二階には裸電球がたった一つ。黒板ちゅうもんもない。みんなで戸板やらを集めて黒板の替わりにしちょりました。「あの字は何かね？　点かね？」「うんや、あれは点じゃぁないばい。黒板がほげちょると」ち、げなふうで、勉強会だけでも五十八歳の時に始めて二十年間しよったですばい。

ウチは本当は大正二年にでけちょるが、籍は妹と一緒に双子として五年になっちょる。その年に男の子が生まれたき、親が慌てたんたい。昔は兵隊さんになるちゅうたら家の誉れやがぁ。そいき、弟はすぐ籍に入っちょる。やっぱ─昔から男の子は大事にされよった。名前もウチが十三人兄弟の長女でハツエ、その次からはフタコ、ミツコ……ナナエ、ヤエコちて、女の子はそげんなっちょ─。そいき、男はそげんない。立派な名前がついちょる。

あの頃は「おまえんとこは子どもがよう死んでからフがいいのう。うちんとこは一人も死なんき育てなならん。フが悪いばい」ちて、そげな挨拶をしている時代やった。十三人いた兄弟のうち二人死によりましたがまだ十一人、一人も寝込むことなく今でもみんな元気に仕事をしちょります。そいき、ウチはこの年になって思うんですたい。ウチたち兄弟はほんとにいいもんを食べたことがない。麦ご飯にお母さんが作った味噌をまぶしたんを食べて、こーまい時から山ん中を裸足で走り回って土を踏んできたから健康じゃ、ちてね。おいしいもんを食べて蝶よ花よとされちょったらこげんはない。長生きは百まで折り紙がついちょー。昔、テレビで「おしん」ちて、ありよったがウチたちはおしんさんよりもっと辛い目に遭《お》うてきちょりますき、「おしんが何ね！　大根メシが何ね！」ちて、私は言うんですたい。大根メシが食えれば上等ですばい。

そいき、体が健康なら生きちょる間はコツコツ働かな人間はつまらん。ゴルフに行ったり、マージャンをしたりでは銭はたまらん。ウチたちは部落差別のために貧乏をしてきよったき、借金を返すためには人の倍働かな。そーして、たとえわずかでも貯金せな。「母ちゃんは働くよりほか何ひとつしきらん。今時そげん働いたっちゃぁ、馬鹿の大将。可哀想なもんね」ちて、そげん子どもから言われるぐらい働いてきましたばい。

今はテレビでゴルフを見よれば、ゾロゾロ付いて回る人がいる。野球を見よれば、何万ちゅう人が集まっちょる。どこへ行っても遊ぶ所には人がいっぱい。そいで世の中人手が足らんちゅう。「何が足らんか！　あれだけの人間が遊びよるやないか！　なし、あん人たちに仕事をさせんとか？」ちて、ウチはいつも言うんですたい。ウチは一年のうちに正月の三日よこうだけですばい。それも三日目になったら、よこい過ぎて具合が悪うなる。「もう少し楽してもいいかなぁ」ち、思うけんど、どーしても働かなならんですたい。働くばっかの人生で、指の爪から先、悪いことはなーんもせん。そいき、陛下さんであろーと、警察であろーと、何様であろーと恐ろしいもんはなーんもない。

ウチたちが貧乏してきた話や解放運動をしてきた話は、三日あったっちゃぁ話せんたい。勉強はなんぼしたっちゃぁ荷物にならんき、ウチの話も勉強と同じでひとつも重たいことがない。そいき、聞いても悪いことはないですたい。まとまっては話せんき、ここ一口、ここ一口ちて、いつでも話して聞かせるばい。

［まつおか・はつえ　一九一六（大正五）年五月八日生まれ］

柿本　リツ

ウチたちの時代は五つ六つのこーまい時から子どもをかろうて家の加勢をしてきよったが、太りあがりゃぁ婿さんぶりが悪うて苦労した。ウチの苦労話は三日三晩話したっちゃぁしまえんばい。

ウチが生まれんうちからお父さんは炭鉱へ行っちょる。農業をやりよったが我が田《た》じゃぁないきね、作っても大部出さなならん。牛やら馬やらを飼ってはおったが、小作だけじゃぁやっていけんき坑内に下がったんじゃろう。ウチは勾金《まがりかね》の下高野、今の香春《かわら》町で生まれたと。炭鉱仕事は兄嫁さんの「里歩き」の時に習うた。夫婦だけならいいけんど、姑さんのいるところに来ちょろうがぁ。そいき、嫁さんの息抜きの里帰りたい。春は「初歩き」ちゅうて、秋は稲をもいだりなんかしてゴミをかぶっちょるき、「埃落とし」とも言うよ。昔の人は春と秋に十日十日行くとばい。

初めて下がったヤマはまだ捲《まき》もかかっちょらん、からいあげのこーまいヤマじゃったが、手が足らんごとなったら仕事場は大ごとやがぁ。そいでウチが義姉《ねえ》さんの代わりに下がったと。十五歳の時ばい！　カンテラをとぼす道も、ようとわからんじゃったが、坑内仕事はなんでも習うた。人がケガをしたんでも、「どこでケガをした？　どうしてケガをした？」ちゅうことを聞いて、「あっこは危ない。ああしたらケガをする、こうしたらケガをする」ちゅうことを、自分で覚えたんたい。そこの小ヤマは途中で坑主が変わって一時行きよらんじゃったが、しばらくしてまた下がったところ、傾斜が激しいで、上がり下がりが四十五度ぐらいあったばい。テボをかろうて下がりよると、先行く人のテボを踏むごとあった。

坑内は熱いき上は裸たい。オバサンたちなん下も出しちょる人がおったと。手拭をたった一枚腰に巻いちょるだけばい。たまがったぁ！　なんにもせんでも、もう出てしもうちょるがぁ。そーすると棹取《さおど》りの中には、カンテラの火受けちゅうて真鍮でできてるところを、ようと磨いて鏡んごとしちょる人がいたよ。そいで、そのオバサンたちが上ん方でも行こうもんなら、その火受けをかざして見よったよ。そん頃の坑内は、まだ素足に草鞋《わらじ》の時代じゃった。足袋《たび》なん、もちろん履いちゃぁおらん。草鞋も買うんやない、自分で作るとばい。

今の人は仕事をしよる人でも、休みの日には映画でん観に遊びに行きよるけど、ウチ方はそげんどころじゃぁない。休みの日は自分で草鞋を作らな！　明日履いていくもんがないとやき。映画なん一遍行った。嫁さんになる前、伊田の世界館ちてね。今の人は極楽ばい。

お母さんは大正十四年の六月に死んだ。確か、三十九歳ぐらいじゃったと思いよるが……。その年の十一月に炭鉱のおかげで村に電気がついたき、母は電気の生活ちゅうもんを知らんずく。子どもは五人おったが、とびとびたい。ウチより五つ上の兄さんがいて、もう一人上におったが死んでウチができた。その後に三人できたがみな死んで、それから下にまた三人できた。お母さんが死んだのは、その次の十人目の子どもが腹に入っちょる時じゃった。今なら死なんでいいとやろうが、子どもが腹ん中で腐れたんじゃろう。

お母さんが死んで、お父さんはすぐに再婚したと。ところがアンタ！　二度目のお母さんちゅうとが、お父さんのお兄さんの子どもの嫁さんのお母さんちゅう人がきちょったたい。ウチはこの継母《ままかあ》さんには苦労したばい。こーまい子んジョウはなーんもわからんき、なついて親のごとなるわけたい。兄さんは嫁さんをもろーて家にはおらんき、子どもの中ではウチが一番大きかろー？　おまけに坑内下がって仕事をしよるもんじゃき、向こうは我がまましきらんわけたい。それでウチがおるとが気にいらんとよ。

ウチは一生懸命坑内に下がって、取ってきたお金はみーんな家に入れよったたい。それでもその継母さんはウチには何も買うてくれん。坑内から上がって仕事着を脱いだら、腰巻き一つない時があったとばい。腰巻きちゃぁ、今でいうたらパンツたい。そんなもんもない！　そいき、「よしよし、こりゃぁどうしても始末がつかんき、チィート何やら盗まないけん」ち、思うたと。家はもともと百姓じゃき、モミから米にした時の黒米《くろまい》をチィート盗んで売ったがね。そーして襦袢《じゅばん》と腰巻きを二つ買うた。そしたら今度はケンカになった。「我がままする！」ちゅうてね。そいき、我がままちゅうことがあるかね？　ウチはないから買う。十七、八になった娘っ子に、腰巻き一つないちゅうことがあるかね？　休みん日でん草鞋を作って、映画一つ観に行くわけじゃぁないとよ。

嫁さんに行ったのはウチが十九歳の時じゃった。夕方の四時頃二番方で下がって、上がってくるとが夜中の三時か四時。家に帰って寝ちょったら、本人にはなんも言わんと、もう貰われちょるとたい。朝起きたら、「嫁さんに行かなならんとぞ」ちゅうげなふうたい。昔は気安かったきねぇ。もうお父さんが牛を引っ張って道具を買いに行っちょるげな。仲人さんがウチに五十銭くれて、「髪を結うて来い」ち、言うたばってん、なんぼ昔でも五十銭で髪が結わるるかね？　足りない分は自分で出したばい。ウチはそげな嫁さんよ。

従兄弟《いとこ》同士じゃったから、婿さんの顔は昔から知っちょった。婿さんは大峰炭鉱で棹取りをしちょったもんやき、ウチは坑内に下がらんで選炭に行きよった。夜の明けんうちから出て行って、暗うなって帰ってくる。冬はもう家で明かりを見ることはでけん。それでたったの五十銭。

サァー、そうこうしよるうちに男があっちこっちにウチを連れて行くとたい。「夫婦して下がらなつまらん」ちゅうて、飯塚にある大きな炭鉱に志願するごとして行ったんたい。ところがウチ方は元が棹取りやろー、函の乗り回しで手袋をした仕事をしつけちょるもんやから、手が美しいとたい。体を見てもヒナ男たい。先《さき》ヤマでんやって炭を掘るげな男やないと。ウチは志願が通ったけど、ウチ方は通らん。女ごだけ志願が通って何の仕事になるかね？　そーして飯塚を出て、あっちへ行きこっちへ行きしよっている時に、従兄弟が綱分《つなわき》炭鉱ちゅうとこにおったき、そこに世話になった。今から二十四日したら盆ちゅう時じゃった。そこで二十四日仕事をして、「盆歩き」ちゅうことで里に帰ってきちょったところ、村の炭鉱がようなっちょったたい。綱分の炭鉱に帰るつもりが「香春の炭鉱がいいばい」ち、げなふうで、そのままとうとう帰らんわけたい。

香春では初めて炭鉱の社宅ちゅうのに入った。サァー、そん時の所帯道具はどうかね？　弟一人がついて来ちょったき、子どもがまだおらん時やった。ご飯茶碗が三つに、おつゆ茶碗が三つ、ちゅうげなふうで、お膳もなからなお釜もない。鍋一つないと。そーして今度の炭鉱は銭にならん。銭取りになっても、なしか銭をくれんとたい。お金の代わりに米をくれる。銭をくれんとやき、坑内に下がっても他の所にはおかず一つ買いに行くことができんとたい。

四つたり目の子どもが腹に入っちょる時、男は女ごができてどっかへ行ってしもーた。着物まで着せて出してやったら、それが別れじゃった。なんにも言わんと、もう帰ってこん。向こうの親は、行った先はわかっちょっても絶対に教えんたいね。従兄弟夫婦やき、ウチからみれば伯父さん伯母さんばい。それでも教えんと。教えたってウチは迎えには行かんよ。いったん出たものを連れて帰ってどげするね？　それからちょうど六十日して子どもが生まれよったが、その子がウチを助けたんじゃろうねぇ。生きて生まれてきたものの、そのまま死んでしもーた。

子どもがおるき、働かな食べられん。子どもだけやない。自分も食べなならん。継母さんのところへ行って、お米をもらうわけにもいかん。四十八日たって他人の後向《あとむ》きで坑内に下がったと。それもアンタ！　近くじゃぁないとばい。そこのヤマまでは小一時間は歩かな、とてもやないが行きつかん。それがウチが二十四、五歳ぐらいの時やった。

それからしばらくして、ウチは近くの炭鉱で働いちょる人と一緒になったんたい。大分の果てくれの人ばい。縁ちゅうもんはどこにあるかわからん。ところがフの悪いことに、このオッサンがまた輪をかけた女道楽やった。坑内に下がりよるき、お金もたくさん持っちょるかと思うたら、枕一つと二銭銅貨をたった一枚持っちょっただけばい。下がった日はいい。今日仕事をしたら明日は受かる。ところが今日よこうたら明日は食われん。しばらくしたら腹が太ったき、「男一人で働けるところへ行こう」ちて、今度は筑前の碓井《うすい》へ行った。一時おったが、そこもあんまりうまくいかん。子どももでけたけど、また死んだ。そうして次は飯塚の向こうの天道《てんとう》に行った。駅を降りてチィートと入ったら段だら段だら、社宅がいっぱい建っちょったがね。そしたらオッサンに召集が来た。たしか昭和六年。満州事変やった。

このオッサンは所帯道具でん何でんかんでん売ってしまうとたい。そいで、そのお金で料理女ごのとこへ行くとたい。女ごのとこへ行ってはまたコソッと帰ってくる。出たり入ったりするたいね。しまいには、とうとう追い出してしもうたら三井に志願したばい。ところがなんのことはない。田川の三井ちゅうたら、栄町ちゅうて、すぐ下が料理屋で有名なとこじゃろー？　女ご屋やがずーっとあったもんね。志願して二十四日目に二回目の召集が来た。今度は支那事変（日中戦争）たい。兵隊に行く時でん、やっぱり料理女ごを連れて行っちょるよ。

そんころは一月のうち二十七日は料理女ごのとこへ行っちょってばい、家にはたった三日帰ったきりでウチの腹ん中に子どもが入っちょるのはどういうわけかね？　日頃おる時は入らんで、「もう子どもはでけんき、いつでも出て行きやがれ！」ち、思いよったらこうなった。このオッサン、戦争が終わって引き揚げてきたらソロソロウネウネ、またことわりを言うて戻ってきよった。「子どももでけたし、同じ苦労をするならこん人がいいかなぁ」ち、思うて一緒になったが、やっぱりつまらん。とうとうつまらんずく死んだ。

引き揚げて来てからもずーっと炭鉱じゃったが、しまいには「宇部がいいげな」ちゅうて山口県まで行ったばい。そいけんど、そこもあんまり長うおらんで島廻《しまめぐり》に戻ってきたら、風邪をひいて三日寝込んだら死んだばい。昭和三十三年のことじゃった。昭和三年にハナのオッサンと結婚して、このオッサンが死んだのが三十三年。この三十年間におおかた三十回はあっちこっちの炭鉱に行ったり来たりしちょったばい。

このオッサンが死んでから、どれだけしてからじゃったろーか？　四つたり目の子どもが腹に入っちょる時、他所の女ごとどこかへ行ってしもーたハナの男が、二十五年たって戻ってきたと。こんなことがあるかね？　ある人が間に入って「もう一度一緒になってくれんか」ちゅうもんやき、我が子の父親やき一緒になったんたい。そしたらやっぱりつまらん。長いこと離れていて帰るもんやない。女中さんなら一月なんぼか貰えるけど、今度帰ったら食べるだけやき女中さんよりなお悪い。

この時、この男は坑内大工の仕事をしよったが、ロープが切れて函が走ってきたんたい。フが悪いことに、こっちがよかろうと思うて逃げた方に函が来ちょるわけたい。何晩話したっちゃぁしまえんばい。

［かきもと・りつ　一九〇九（明治四二）年一月四日生まれ］

を言う間もない。函と枠に詰められて一打ちたい。まだ一緒になって二、三年しかたたん時じゃった。その時はウチも五十の坂をとうに越えちょりましたばい。

そげなふうで、ウチたちの時代は五つ六つのこまい時から子どもをかろうてきよったが、今ん子はまだかろわれちょうがね。そーして七つ八つになれば焚き物を取りに行く、牛の草を刈りに行く、ボタ山には石炭を拾いに行くで、家の加勢をしてきよったよ。それもアンタ！　子どもを一人かろうてばい。今は十になっても十五になっても、子どもの一人も、ようと守りしきらんばい。学校はフが悪いで一人行かんずく。上と下は行ったけど、ウチが一人犠牲になって子守をしてきよったきね。

そうやって、こまい時から働いて、太り上がりゃぁ婿さんぶりが悪うて苦労した。朝は早うから坑内に下がって、暗うなってから上がってくる。帰った時には子どもはもう寝ちょる。オヤジは他の女ごのとこへ行って家にはおらん。一人でご飯を食べて、また明日の支度をしてばい。子どもの起きてる顔は見らんずく、また仕事に行かなならん。そげな毎日が一体どれだけ続いたね。ウチの苦労話は三日三

絹の布団に寝るよりも
月の差し込む坑夫納屋
サマの手枕ほんのりと
わたしゃ抱かれて眠りたい

鷹木　ヒサヱ

十二歳の時に姉に言われて守りに出て、七十六歳で失対をやめるまで、働きづめの人生やった。私の知ってる範囲では、とにかく大正から昭和に変わるこの十五年間が、女ごが一番苦労した時代やないと？

佐賀の相知《おうち》炭鉱から筑豊の上山田炭鉱に来たのが私が二十八歳の時。もう六十年近く前の話になるたいね。長男は五年生で、その下にもう一人おって、娘はまだ生まれてないと。相知炭鉱が閉山になったき、同じ三菱の炭鉱やから五十家族が一緒に来よったが、「同じ九州でも佐賀の方が住みいい」ちて、二年もたたんうちに殆どの人が佐賀の炭鉱に戻りんしゃった。私たちは上山田に残ったものの、慣れんうちは言葉でも苦労したばい。お父さんが二番方で下がるとに、「昨日から言うとったのにテンゲがないぞーっ」ちて、言うたんよ。「テンゲ」ちゃぁ、佐賀の言葉で手拭のことよ。長男に、「おまえ、はよテンゲを買うてこなお父さんから怒らるるぞ！」ちゅうて、十銭持たして買いに行かしたと。ところがいつまでたっても帰ってこんとたい。購買会へ行ってみたところが、店の前でジーッとしちょる。

「おまえ、テンゲを買いに来て何しとると？」

「やらんもん、こいどんが……笑いよるばい」

「おまえが言わんけたい。『テンゲがそこにあるけん、くいろぉー』ち」

「そげん言うたら、なお笑うもん……」

その「こいどん」ちゅうとが佐賀の言葉で「この人たち」ちゅう意味よね。「くれ」ちゅうとは佐賀では「くいろぉー」ち、言うんよね。

「あんたたち、なしやらんとね！　佐賀から来た時に区長さんが、『佐賀の人たちは言葉が違うき、わからんと思う時は何でんあるものを見せろ』ち、言うたやないね！　見せんで笑うちゅうことがあるもんね！」ちて、しまいには私も腹かいて言いよった。そげなふうで、手拭を買いに行っちゃぁ笑われ、エビジョウケを買いに行っちゃぁ笑われで……私は佐賀で生まれて佐賀で育っとるとやき。生まれた時から両親は炭鉱で働きよった。

私の父は熊本県の宇土《うど》の出身で、十五歳の時にたった五銭持って佐賀の杵島《きじま》炭鉱ちゅうとこに来たんよね。「お父っつぁんが炭鉱に来て、初めてはりついたちゅうとこはどげなとこな？」ち、昔聞いたことがあるよ。そしたら父は自慢ぶって話しよった。

「おぅ！　十三塚ちゅうてな、何さんか知らんぞ。そいき、戦争をして討ち死にした偉ーい人を十三人埋けたお墓があってなぁ。そこにおったと」

「ホーッ、墓の下におったと？」

「うん。お墓はなぁ、やっぱり誰やらかれやらが草を取ったり、いろんな物をあげたりしていよったぞ。俺だって花をあげたことがあるもん」ち、父は言いよった。

「誰も知り合いがいないとに、熊本の宇土から佐賀の杵島まで来る間にあんた、五銭のお金でどげんして来たと？」

「そうさなぁ、そん頃は一銭がとこあったら一日は充分満腹に食べられたけん。それでも五銭しか持たんとやき、飲まず食わずが三日は続いたばい」

宇土から杵島まで歩いてきとるとやけん、相当の距離でっしょうが。五銭しか持っとらんとやき、宿とかには寝らるるこっちゃあない。お宮に寝たり橋の下に寝たりで、歩いて歩いてようとして届いたんじゃろうねぇ。

母は福岡県の瀬高《せたか》ちゅうとこの大百姓の娘やったと。「そりゃぁもう、びっくりするげな大きな家の出じゃったぞ」ち、言いよった。それでも百姓が嫌で、姉さんと二人で炭鉱に抜け出てきとるとやろーね。それを私の父が盗んできちょるとよ。できた子どもが私と姉。子どももできたき、籍をもらいに行きよったら「どこの馬の骨かわからん男にやられん！」ちて、父はけんもほろろに追い返されとるとよ。そいき、私の母は内縁の妻で、私たち姉妹は母の籍に入っちょった。家の借り主も母。父の名前は出てないと。私が結婚するまでとうとう籍には入られんかった。

その当時、私がいた炭住は、前が十軒、後ろが十軒の一棟二十軒。間取りは一間ばい。六畳とか四畳半とか、あるところは三畳敷きもあったとよ。たった三枚畳が敷いてあるところに親子四人の家もあった。そいで、三人目の子ができたという。どげんして、あのせつない畳敷きで子どもができるとやろうか。今考えたらおかしいと。

私の家は父と母、姉と私の四人で四畳半やった。隣の家との壁も下の方だけで上の方は空いとるとやき、一番端の家から大きな声でおらべば、反対側の端の家まで聞こえよった。家の中で魚でん焼こうもんなら、一棟全部に煙でん臭いでん回ってしまうとやき、「どこん家の今晩のおかずは何ね」ち、すぐわかってしまうとばい。そげな家やき、もちろん天井板なんてもんもない。針金を渡して、そこに新聞紙を張り付けたのが天井よ。ちょっとでん風の強い日はガオガオガオち、いいよった。それでも、その新聞紙がまた貴重なもんやった。新聞を戸別とるとこさえないとやき。新聞もなからなラジオもない。テレビもない。なーんもない。目が二つ開いとるだけばい。家族の顔と友達の顔を見るぐらいで、世の中のことはなーんもわからん。私たちの時代ちゃぁそんな時代よ。それを思えば今はもう贅沢なもんたい。どうかした時に私は言うばい。「みんな成金になりようごとある」ち。お金はもういらーん。あり過ぎるちゅうごとお金が残るとよ。昔は貰うお金も少なかったが、物価も安かったきやってこれたんよね。十銭がとこイワシを買うたら重箱一杯きよったき、病人さえ出さなんだら生活されんことはなかったと思うよ。

私の家は父にできもんができて、入院して手術をせならん。入院すれば付き添いもおらなならんが、母が付き添えば仕事に行かれん。そいき、私より七つ上の姉が父の付き添いですたい。その時、私はまだ五つで、毎日一里ぐらいある野道を歩いて病院まで父の弁当を持って行くと。そん時の弁当のおかずは、きまってきゅうりの葛かけやった。「今日はなんか?」ち、父は聞くよ。そーして弁当の中を見て「やっぱり、きゅうりか……」ちて、ガックリしよった。そいき、いくらガックリしよっても銭がないもん。そん頃母が働いて一日三十五、六銭貰いよったんやろーか。ここで贅沢をしたら病院のお金は払われんもん。キュウリは家の前で作ってなっとろーが。もしキュウリがしまえたら次はトウガンたい。これをまた葛かけにしたり炊いたりして持って行く。もうイワシでん買うたら、今の気持ちでいうたら鯛の刺身でん食べるように嬉しかったと。

父は体も弱かったが、遊び手で働かん。母は可哀想なごと使われちょんなるよ。そんなわけで、姉は一度も学校へ行かんずく、こまい時から選炭で働きよった。そいき、姉は私の顔を見るたんびに、「おまえはよかねぇ。学校どん行って、おごっつぉ食べて贅沢三昧！」ちて、言いよった。私はその姉の言葉に、「エエーイ、クソ！」ち、思うてから、学校を黙ってひいて、近くの小間物屋へ子守りに行ったと。そん時、私は数えの十一歳。そーして晩方六時頃、学校の本を風呂敷に包んで、「ただいまー」ちて、帰るんたい。そうしよったところが四日目には、ばれてしもーた。

「オマエ、ただいまっち、どっからただいまか？」

「ウン。ただいまばい」

「オマエ、学校行っとらんやないかっ！　よこうちょろーがぁ！　今日学校の友達が『ヒサちゃんが学校にこんけん、先生から見に行って来いち、言われたき来た』ち、言うて来たぞ。どげんしたか？」ち、そりゃーもう問い詰められたとよ。

「オラ、もう働きに行くけ、学校には行かん」

「なし？」

「姉さんが『オマエばっか学校に行きよる。オラはお父っつぁんの付き添いで学校には行かれん。付き添いが終われば炭鉱に働きに行かなならん。姉に生まれてこげんばからしいことあるやろか？』ち、言うけん、オラもう学校には行かん！」

「行かんちことがあるもんか！　行かな！」

「うぅーんや行かん！」

後から何度も先生が来られんしゃったが、それっきりとうとう行かんやった。それから先は守りをやめて選炭に行ったんよ。選炭ちゅうても機械が流れるとじゃぁない。機械で選炭した後の、いよいよ捨てるとの中にまだ残ってる炭をえり分けるとよね。それを私は、もう何年もやってきたおばさんたちに負けんとよ。おばさんたちが函に十杯拾う間に、私は十五杯は拾うとった。とにかく人に負けるとが好かんで働きよったよ。

姉に言われたことが頭に染み込んで、学校をやめて仕事に行くぐらいのクサレ根性をもっとったんやき、そういうふうな生まれつきでもあったろうばい。

初めて坑内に下がったのは数えで十四歳の時。松浦納屋ちゅう大納屋へ一人で言いに行ったとよ。

「勘場《かんば》さーん」

「なんか？　何しに来たか？」

「おら、坑内に行きたぁーい！」

「年はなんぼか？」

「十五ばい」

「ホーッ、十五にもなったとか。よしよし、行きたいなら行っていいぞ」ちて、言うてくれた。そいき、ほんとはまだ十四歳。十五歳ち、言わな坑内には下がれんちゅうことは、近所の友達から聞いて知っちょったんよ。

「そいでいつから行かるると？」

「いつからち言うたっちゃぁ、オマエなーんも用意しとるまい」

「なんか用意がいるとな？」

「いるくさ。来て行く着物なんかは持っちょーか？」

「おっ母んのとがあるもん」

「よしよし、じゃぁ明日の朝四時の一番方から来い。先《さき》ヤマさんはいい人をつけちゃるけん」

そーして親にも言わんずく坑内の手帳ができよった。そーしてその日の晩、父と母と一緒にご飯を食べよる時に言うたんたい。

「おっ母ん……あんなぁ……」

「何か？　何したか？　オマエまた何か悪いことをしたんじゃろう？」

「なーんもしとらん。もう選炭も飽いた。守りも止めたんじゃけん、オラもう明日から坑内に行く」

「坑内？　オマエがなんぼ行きとうしても行かれん！」

年が十四歳ちゅうことで、それにこだわっちょうわけよ。

「うんにゃ、行かるるよ。明日の朝四時に出て来いち、言いなったもん」

「言いなったちゃぁどげんわけか？」

「うん、勘場さんに会うてきたばい。そいけん、明日仕事に行くとに弁当とお茶を持って来いち言いなったけん、おっ母ん！　水ガンガンと弁当を用意してやんない」

「誰がそげな嘘を言うてオマエをからかうとじゃろーかねぇ。行きたい行きたいち、オマエが思いよるけん、そげんしてからかわれよるとぞ」

「ち・が・う！　からこうてない！　明日来いち、言いなった！」

あんまり私が言うもんやから、とうとう父は勘場へ行って見てきとるとよ。そしたら、ちゃんと十五歳ち書いてある。「あいやつが……、友達から聞いて年をちょくらかして入ったんばいねぇ。友達も行きよるけん、自分も行きたかったんじゃろう。もうしょうがない。年は十四歳とは言うまい」ち、そう思うて、私が坑内に下がることを許してくれたと。その日の晩のおかずは今も忘れん。フキと豆を炊いちょった。「あーあ、またこれか……。ヨーシ！　明日からオラが坑内に下がって一生懸命働いて、クジラとフキを炊いたんをお父っちゃんにもお母っちゃんにも腹一杯食わしちゃろー」ち、そう思うたことよ。

初めての坑内はそりゃー怖かったよ。坑口から切羽《きりは》まで、歩いて下がるとに小一時間。上がり下がりで二時間ちゅうわけよね。先ヤマには山口さんちゅう人をつけてくんしゃった。長崎の諫早《いさはや》の人で、年の頃は四十二、三歳やったろーか。切羽に着くと、山口さんは手取り足取り、教えてくれよった。そーしてしばらくしてから私が、「おいちゃん、もういらんばい。スラに入らんごと炭が一杯になったばい」ち、言うたら、「オ、オマエ、早いねぇ！」ち、びっくりしんしゃった。そりゃー早いくさ。選炭に行って、そういう点はものすごーく鍛われちょろーが。「おーおー、オマエは今日が初めてちゅうばってん、偉い！　よしよし、これなら見込みがあるぞ」ちて、今度はスラを曳く姿までしてみせてくんしゃった。私は山口さんの言う通りにスラを曳いたら、ズットンズットン、まぁ力があったんやろーね、前のおばさんたちについていくことができたんよね。そうやって、その日は一日、山口さんにだまって使うてもろーたんよ。

「お父っちゃん、明日はもう山口のおいちゃんなん『あの娘はいらん』ち、言うよなぁ」

「ああ、言う言う。オマエがどげな仕事をしたか知らんばってん、そう言うくさ」

明くる日、繰込《くりこ》みに行くと山口さんが私に声を掛けてくれよった。

「おっ、きのんとこぞ！」

「えっ？　おいちゃん、ウチでいいと？」

「ああ、いいくさ。俺はずーっとオマエを連れてく」ち、言うてくれた。

「ウァーッ、よかったーっ！」ち、私は喜んだと。

当時の相知炭鉱は、三菱のヤマといえども切羽の高さちゃぁ膝が天井よ。先ヤマさんなん、それこそ足から入れて横向きになって入っていくとよ。炭を掘るとでもツルハシで寝ながら掘るとやからね。今の若い人は「そげん膝のはまるげなひーくいとこで、仕事なんさるるもんか」ち、言いよるけんど、ホントしてきたもん。先ヤマ、後向《あとむ》きの賃銀は同じやから、寝ながら炭を掘りよる先ヤマさんの姿を見れば、一生懸命頑張らねば申し訳ない。私の母も他人後向きで、それはそれは一生懸命働いた人よ。私もそんな母の背を見て太り上がっとるき一生懸命やったばい。いったん坑内に下がれば男も女もない。他人の婿さんであっても自分の婿さんち、思うて、ほんに夫婦のような気取りにならんと仕事がでけんとよ。先ヤマの山口さんも、ほんに私のことを可愛がってくんしゃった。私が結婚するまで離されんやった。

　山口さんがよこうた時、一度だけ仕繰《しく》りの後向きに行ったことがある。「ヒサちゃん、オラちょっと二、三日よこうが、おまえはどげするか？」ち、山口さんが聞きよった。おばさんたちは生理のある時に一日ぐらいよこいんしゃるが、私はまだ生理もありよらんとやき、ひとつもよこわんでいいとよ。

「うん、いいばい。ウチはよこわんで行くけん。人繰《ひとぐ》りに言うてどっかにやってもらうけん」

その時、私は初めて仕繰りの後向きに行ったんよ。

「仕繰りの後向きちゃぁどげんすると？」

「まぁ先ヤマさんに付いて行きゃぁわかるけん」ち、言われて付いて行った所が本線坑道の一番奥のところやった。

「オラ仕繰りは初めてやき、言われたことは何でんするけん教えておくれ」

「おまえ、俺が言うたことは何でんするか？」

「うん、するばい」

「よし、それならここに寝ろ！」

「寝て何すると？」

「おまえ、俺が言うたことは何でんするち、言うたやろうが。そいけん、母ちゃんの代わりをおまえがせな！」

「……バッカラシイ！　オラ帰るばい！」

そー言うて、私は腹かいて笹部屋《ささべや》まで帰ってきよった。そしたら、「オラ、冗談言うた。こりゃーもう困ったこと言うた。冗談やったき、こらえてくれ！」ちて、その先ヤマが血相を変えて追っかけてきちょると。

　笹部屋には小頭《こがしら》ちゅうのがおって、それぞれ自分の手持ちの枠を持っちょるわけよ。この連中が自分の手持ちの中に好いた女ごがいれば、「よかカ所をやるけん」ちて、引っかくるわけよ。女ごの方も、いいカ所を貰えばそれだけ炭がよけい出るけん、お金も多かろー。そいで賄いよったんやないと。そういう噂はよう聞きよったよ。そいき、先ヤマが後向きにそういうちょっかいをかけるようなことはないと。同じ働く者同士やからね。

坑内に下がって、今でも忘れられん事故に遭《お》うたことが一度ある。そん時は私も結婚して主人と一緒に下がりよった時やった。当時、三菱の相知炭鉱ち、言えば五千人ぐらいいるような大きな炭鉱じゃったが、そんな大ヤマでも鉱員の人道というものはないと。掘った炭を入れた実函線と空函線のわずかの隙間を歩いて上がり下がりせならんやった。丁度夕方の四時、二番方に行きよる時やった。突然、捲《まき》の矢弦《やげん》車が天井から落ちて、大綱が切れよった。そいき、十何函と繋がれた実函と空函が一緒になって卸底《おろしぞこ》までゴォーゴォーと、ものすごい音をたてて走ってきよった。綱は上下左右に波打っとるよ。そいき、函と函の間をみそめて、ちょっとでん広いとこに飛び越えて逃げんことには綱に巻き込まれてイチコロで死なならん。

「渡れーっ！　なんぼ言ゃぁわかるかーっ！　渡らんかーっ！」ち、もう渡ってしもーとったお父さんは私におらびよるけど、何かが私を引っ張りよる。離そうとしても離されん。振り返って後ろを見よれば「連れてってーっ、連れてってーっ！」ちて、誰かが私の腰にしがまえついとる。

「逃げられんとばい！　誰かが引っ張っちょーもん！」ち、私がおらぶと、「跳ね飛ばせーっ！　跳ね飛ばせーっ！」ち、主人は言いよった。そーして私は、とうとうその人を振り切ったんよ。そしたらその直後に「ギャーッ！」ちて、ものすごい声がした。ヒョッと見たら、私にしがまえついとったその人やった。綱がその人の髪の毛を巻き込んじょるとよ。幸いすぐに綱から身がはずれたき、ドーンちゅうて私の五、六間先に倒れんなった。よく見たらまだ若い人やったが、髪と一緒に頭の皮がベローッと剝がれてお岩さんのようになっちょんなった。

「アーッ！　離さんならよかったーっ！　あの人やったーっ！」ち、言うたら、「我が命はどげなるかぁ！」ちて、お父さんは怒りよった。私もお父さんがおらんでくれな、とてもやないがよけきっとらんよ。

綱が切れたのが午後の四時。お父さんはケガ人やら死人やらを担架でいのうて、家に帰ったのが六時過ぎ。

「お父さん、一体何人いのうたな?」

「そうさなぁー、何人いのうたかわからんけど、一番可哀想やったのが矢弦を被った人たいね。頭が真っ二つに割れちょんなったもん」

「あんた、見たと?」

「見らんごとにはオマエどげするか? 担架に乗せられんやないか。頭をこうして押さえ付けて乗せたけん」

私はその時のことが一番印象に残っちょるとたい。一遍に二十人近くが死んだとやきね。私にしがまえついとったた人は知らん人やったが、後からお見舞いに行きよったよ。

「ほんに情けなかったろう? 跳ね飛ばしたわけじゃぁないと。私も懸命に逃げたと。そいけん、もうこらえてねぇ」

「いいえー。私も『助けてーっ』ち、言うたものの、自力で逃げないかんのに、逃げきらんじゃったとやき……」


十四で坑内に下がって、二十五でいよいよ女ごは坑内に下がれんごとなった。その時、私たち夫婦と子どもが三人、それと両親の七人家族やった。今までお父さんと私の二人が坑内に下がっても生活が苦しいとに、私が下がれなくなって生活がされるはずがないよ。坑外の仕事は坑内に比べると随分安いんよね。選炭は当時五十銭ぐらいやったろーか。それでも、もう坑内で働けんとやきしょうがない。選炭に行き、ガラ焼きに行きで、日曜日になれば山へ行って、竹の子の時期なら竹の子を採ってきて、それを湯がいて売りよった。栗時になったら今度は栗ちぎりたい。生栗を一斗ぐらいかろうて、二里も二里半も歩いて帰ってきよったよ。一升が二十銭やったき、一斗やったら二円になろうもん。お父さんが坑内に下がって一円五十銭ぐらいにしかならん時に、二円ぐらい取りよったきね。川に行けば魚を採ったり、シジミを採ったりして売りよった。そんなふうで、まだどなたにも言うたことがないけど、二十五で女ごが下がられんごとなって、二十八で筑豊の上山田炭鉱へ来るまでのこの三年間が私は本当に苦労したとよ。

失対に働きだしたのはいくつの時じゃったろーか。とにかく七十六まで働いてきちょるとやき。思えば姉に言われ、学校をやめて守りに出て、失対をやめる時まで、働きづめの人生やった。私の知ってる範囲では、とにかく明治に生まれて大正から昭和に変わるこの十五年間が、女ごが一番苦労した時代やないと?

［たかぎ・ひさえ　一九〇五（明治三八）年生まれ］

今村　タツヨ

もう誰も知らんよ。ウチたちがこげん苦しんで働いてきたとは。
朝になったらまた坑内に下がらなならんと思うてくさ、
オシッコをしたいともこらえて布団の中で泣きよった。もう私んごと働いたもんはおるまい。

アンタ！　こげな婆さん撮ってどげすると？　もう五年前ならよかろうとに、今では頭の毛も抜けてしもーてパーマもかからんと。よー年をとったもんじゃぁ。昔のこともみーんな忘れてしもーた。「ボケちょる、ボケちょる！」ち、みんなが言うよ。体は中気《ちゅうき》やけど、口はそげんないがね。そいき、今でん歌が歌われるとやろーね。

ウチは明治坑ちて、昔あったもんね。中泉《なかいずみ》の向こうの方たい。坑主は誰やったかね？　よーと覚えんたい。生まれたとは愛媛の伊予。一番上の兄さんがこっちの炭鉱に働きに来ちょったき、ウチは七つの時にお父さんと一緒に引き取られてきちょるとたい。お母さんは、ウチが生まれて七月ぶりに死んだき顔も見らんずく。お父さんもこっちへ来て、しばらくしたら死んだもんね。そいき、ウチは兄嫁さんに太らかされちょるとたい。兄さん夫婦は一先《ひとさき》で坑内に下がりよったき、子どもの守りはウチがせなならん。一日中子どもを背負えば、背中にシッコをビッショリかけられて、それを肥やしに太りあがったようなもんたい。ウチは学校にも行ってないとやもん。

チィート大きゅうなってから兄さんの手伝いをするごとなった。兄さんは坑口をつくるとが専門やったたい。そいき、ウチは十二歳の時からセナで何十間ちてあるところを担《にな》い上げよったんやき。坑口をつくるとはボタばっかしやき、石炭とちごーて重い重い。三倍ぐらいあるとやないと？　垂木《たるぎ》を運ぶとでも二十本ぐらい一遍にかろーて行きよった。それを見て、「ホーッ、垂木が歩きよるばい！」ちて、みんなが笑いよったよ。体がこまいとに、うんとかろーていくもんやからウチの姿が見えんとたい。そーして枠を入れてはずーっと下にさがっていく。朝になったらまた仕事に行かなならん思うてくさ、オシッコをしたいともこらえて布団の中で泣きよった。

そん頃たい。担い上げの人が岩の下敷きになって死んだもんね。それを見よったら坑内に下がるとがおとろしゅうなって、もう仕事もなんもしようごとない。大阪にいる姉さんを頼って一人で逃げて行ったと。そしたら、「家の米びつがおらんごとなったら大ごと！」ちて、三日たったら迎えが来たもんね。

好いた男と一緒に逃げて行ったこともあるとばい。直方《のおがた》の先の、なんとかちゅう小ヤマやった。途中に鉄橋があって、いつ汽車が来るかわからんと思うてくさ、二人で手に手を取って走ったよ。炭鉱の納屋を借りてしばらく暮らしよったが、そん時もすぐに見つけられてしもーたばい。

今、昔のことを思うたら、カンテラを口にくわえて四つん這いになっては這《ほ》うて地面に出よったが……おとろしいよ、あげな仕事は！　温い力所へ行く時なん、もうほんなこつ……腰巻きでん何でんのけよった。坑内には水が溜まっちょるとこがあるもんね。あまりの暑さに、先《さき》ヤマさんなん、そこにドボンと浸かってはまた掘りよったよ。スラもした。テボもした。それにセナ。セナはいったい何年したね？　あれは後ろが軽かったら担われんとよ。今思うてもゾッとするですばい。背中が破れてそこにヤケとかいうできもんがでくる。今でん跡がこげんあるよ。

坑内だけでも十四、五年は働いてきちょるとやき、もう私んごと働いたもんはおるまい。食べるためには何でんせなならん時代やった。せんとはドロボーだけたい。ウチたちがこげん苦しんで働いてきたとは、もう誰も知らんよ。長生きするからこれがわかるばってん。今頃の若い女ごは、ほんなこつ極楽よ。なんでも電気がしてくれて着飾ってござる。そいでも「きつい、きつい」ちて、言うとたい。ウチたちが仕事をしてきたとは、そんなもんやないとよ。口で言うたっちゃぁわからんたい。

この年になってもタバコだけはやめきらん。そんかわり酒は一口も飲まん。この間、どぶ酒を一杯もろーて半分ばっかし飲んだんたい。そしたら、手足がガッタガッタ震えて、おとろしいでからもう絶対に飲まん。飲むとは養命酒と牛乳ばっかしたい。この頃は人が死ぬと思うよ。今度はウチの番やろう、ちてね。そいき、近くにいる息子がもう死んどりゃぁせんかと思うて毎晩見に来てくれるんたい。もう死ぬやろう、もう死ぬやろう、ちて思いよったがなかなか死なん。「婆ちゃんなん心臓が丈夫やき風邪さえひかなんだら元気！」ちて、病院の先生も言うてくれる。最近はチィート肥えようごとある。こりゃー九十まで生くるばい！

［いまむら・たつよ　一九〇四（明治三七）年二月二五日生まれ］

津村　セツ

今になって思いますばい。昔の女ごはようやってきた。自分を見ながら「偉かったなぁ」と、思いよります。自分の手と足だけが頼りですき、相当使うたですよ。人間の五体ちゅうもんは使えば、使わるるもんですたい。

生まれたとは田川郡の川崎ですたい。家は農業をしよりましたが、農業ちゅうてもその時代のことですき余計にはしてなかったとです。十三歳の時にお父さんが死んで、他所に子守に行ったり奉公に行ったりで、やっぱり小さい時から苦労しとります。

伯母が上山田の久恒《ひさつね》炭鉱におりましたき、十九歳の時にそこで初めて坑内に下がりました。結婚したのはその年の終わり頃ですたい。そして大正八年に一番上の子ができ、その後も九年、十年と次々できたものの、主人は体が弱く私が坑内に下がって働かんことにはどうもこうもないとです。田舎からお母さんと妹を呼び寄せ子守をしてもらい、もっぱら私が一家の大黒柱になって五人の家族を食べさせていきよりました。

久恒さんには五年ぐらい働いたとでしょうか。それから下山田の古河さんに二年ぐらい行って、麻生さんの吉隈《よしくま》炭鉱には十何年ち、働いたとです。麻生さんは働く者には結構よかったですたい。学校も月に二銭納めちょくと、後はずーっとただで行かれよった。子どもなんかの生活もようみてくれました。

主人は麻生さんにおる時に病気で死んだとです。あの時代は今と違って保険とかちゅうもんもない時代ですき、主人が死んでも一銭のお金ももらわれんやったとです。そいでも、「あんたも子どもがいてきつかろう」ちて、会社がお見舞いに三十五円くれよりました。そん時の嬉しかったことは今でも忘れんとです。一日坑内に下がって九十五銭しか貰われん頃ですき、三十五円ちゅうたら相当のもんですたい。まぁあん時代は、貰うお金も少なかったけど物価も安かったですき、それでやってこれたとです。お米一俵が十一円か十二円ぐらいでしたもん。

主人が死んでからは他人の後につけてもらって働きました。一人で働いて五人の子どもを食べさせていかないけませんでしたき、残業なんかする時は夜も寝らんずく働くとが多かったとです。冬なん朝の暗いうちから坑内に下がって、仕事が終わって上がってみればもう暗うなっちょる。太陽なん見らんずく。子どもの起きている顔も見らな親の顔も見らんち、げなふうで、子どもを太らかすまでは夜な夜な働いてきちょるとですよ。

そうこうしよるうちに大ヤマでは女ごは下がられんごとになったとです。麻生さんでも暫くして坑内では働くことがでけんようになりましたき、それから先はまだ女ごの働ける小ヤマをあっちこっち転々としちょるとです。

私は坑内には四十四、五歳ぐらいまで、二十年以上働いてきよりましたけど恐ろしい目には一度も遭ったことがありません。「お母さん、もう長いこと働いたき、ひどい怪我をせんうちにやめなさい」ち、子どもが言うてくれましたき、「そーじゃねぇ」と思うてやめました。お父さんが死んだ時、十三を頭に一番下が生まれて間なしでしたき、五人の子どもを育てるためには難儀をしよりましたが、それでも炭鉱のおかげで太り上がったと思うちょります。

今でこそ役所に行けば「保護」とかがありますけど、私たちの時代はなーんもない時代ですき、少しでも子どもを寒い目に遭わさんごと、少しでもひもじい目に遭わさんごと休みなく働きよったとです。

今になって思いますばい。昔の女ごはようやってきた。自分を見ながら「偉かったなぁ」と、思いよります。自分の手と足だけが頼りですき、相当使うたですよ。人間の五体ちゅうもんは、使えば使わるるもんですたい。そいき、今頃になって足が痛かったり背中が痛かったり、神経痛が出るんですたい。坑内ちゅうとこは、まっ暗な中で真剣に骨おって働かにゃぁならんですき、神経痛も出らんちゅうのは嘘ですたい。

昔はここらあたりでも坑内に下がった女ごはようけおり

ましたが、みんな亡くなってしもーて、今では私一人しか残っておりません。もうまるまる九十も越えましたき、あんまりねばりよったらみんなに迷惑がかかる。ここが私の死に場所ち思うちょります。昔から骨を折ったき、今は極楽させてもらいよります。足の神経痛がようなるように、畑をボチボチしよります。トウモロコシを少しずつ植えてみたりして……豆はまぁチィート大きならなちぎれんたい。

［つむら・せつ　一八九九（明治三二）年五月二八日生まれ］

匿名

坑内はもう見ただけで嫌やね。
真っ赤に燃えた火と風が、坑内を一瞬のうちに駆け抜けたかと思えば後はわからん。
頭も顔もきれいに焼けて、体も半ペラ焼けてしもーて、皮がワカメんごと垂れ下がっちょったと。

昔のことは、ようとはっきり覚えんですたい。ウチが坑内に下がったとは……まだ娘時代。お父さん——婿どんやないよ、爺さんたい。その爺さんと姉ちゃんとウチの三人で後《あと》・先組《さき》んで……ガス爆発に遭《お》うたのは姉ちゃんがお嫁にいった後やから……ウチが確か二十歳の時。なんでんかんでん忘れても、ウチはそん時のことだけは忘れきらんとたい。なんちゅうたっちゃぁ、自分がかかっちょるとやき。

あん頃は、ウチたちはまだ日本髪を結いよった時代たい。髪結いさんに行って「明日坑内から上がったら来るきねーっ」ちて、番をとっちょったんやき、まぁー一つ行ったらお正月ちゅう、十二月三十日のことですたい。

真っ赤に燃えた火と風が、坑内を一瞬のうちに駆け抜けたかと思えば後はわからん。四十四人いる曲片《かねかた》で三十六人がのうなったんたい。それが確か、三井山野の一番ハナのガス爆発やないと？　ウチは頭も顔も全部焼けてしもーたとやき。そいき、こっちの耳は溶けてしもーてなかろう？　坑内で仕事をする時は裸やき、体も半ペラ焼けてしもーて、皮がワカメんごと垂れ下がっちょったと。頭に止めもんがあるでっしょうが、あれもきれいに焼けちょったよ。弁当箱も焼けちょった。切羽《きりは》の石炭が全部ガラになってしもーたとやき。

爺さんもきれいに焼けて血をダラダラ垂らしながら、「アツ……アツ……アツ。ナ・ム・ア・ミ・ダ・ブ・ツ……。お、おまえ……元気に……しちょれよ……」ちて、虫の息でウチに言いよんなった。ウチは上にあがるまでは意識があったんたい。たくさんの人が坑口まで駆けつけて来ちょんなったよ。その中にウチの姉ちゃんもおりよった。ところが姉ちゃんはウチのことがわからんとたい。そりゃーそうくさ、坑内から上がってくるもんなぁみんな真っ黒焦げやき、誰が誰だか区別がつかん。

「姉ちゃん！　なしそげんところでテレーッとしちょると？」ちゅうたんは覚えちょるとやが、それから先の意識はないと。

病院では「また死んだ。また死んだ」ちて、耳がそげること聞かされよった。ウチは素っ裸で体中包帯だらけ。目と口だけ出して寝かせられちょった。助かった人の中ではウチが一番重傷やったと。たいがいようなってから先生が言いよんなった。「死ぬる予算で棺桶ができちょった」ちてね。

大分よーなってから、ウチは爺さんがおらんことに気がついた。「なしかね？　爺さんを見らんが……」ち、聞きよると、先生は「大丈夫、大丈夫！」ちて、言いよった。そいき、大丈夫なら一緒の部屋に置いちょくとやろう？　それがおらん。あんまりしつこく聞くもんやき、「爺さんなん、明けの日にのうなった」ち、姉ちゃんが教えてくれたと。それを聞いてウチはもうたまがってしもーた。あん時すでに虫の息やったもんねぇ……、姿も見らんはずたい。もう死んじょるとやもん。

爺さんは、だいたいが大分の人間たい。あん頃の炭鉱ちゃぁ元気な盛りやったき、こっちに出てきて炭鉱モンになったんたい。ウチがスラを曳く時なん、「用心して下がれよー」ちて、いつも心配してくれよった。そげなことやらは今でん思い出す。そいき、坑内はもう見ただけで嫌やね。

父ちゃんは——爺さんやないよ、婿どんたい。支那事変（日中戦争）から大東亜（太平洋戦争）へ行かんずく帰ってきちょんなった。ウチの体もどうやらこうやら腰掛けるぐらいはできるようになっちょったき、結婚したんたい。親兄弟は「ホンナコツ、そげな体でもろうてもろうて喜んじょけよ」ち、言いよったが、そげん喜ぶ必要はないと。父ちゃんなん、ウチに一生懸命のぼせちょったとやき。

父ちゃんのことは若い頃から知っちょった。坑内で働いちょるとウチのいるところへよう来るとたい。

「あんた、なしこげなところへ来よるとか？」ち、ウチは言うよ。

「まぁいいやないか、どげな仕事しよるか見に来たと」

「いらんこったい！　そげんテレーッとしちょるなら、チィートは加勢しない！」

「おまえはほんと、何でん言うね」ち、げなふうで、最後は笑うて加勢してくれよった。

坑内から上がれば、よく二人で近くのお稲荷さんへ行きよった。そいで、大正琴やらバイオリンやらを弾いてくれよんなった。近所のもんに一度そげな昔話をしよったら、「ホーッ。婆ちゃんにもそげなロマンスがあったと？」ち、みんな笑うんたい。あるとばい！　ウチにも娘時代があっちょるとやき。

父ちゃんが兵隊に行っちょる時、若い棹《さお》取りさんがウチにのぼせちょったことがあったんたい。棹取りさんは帯をしめよろう？　頭にはタオルを一丁ビシッと締めて、首にももう一丁たい。そいで胴巻きをはめちょろう？　そりゃー昔の坑内で棹取りちゅうたら粋《いき》なかったよ。

〽シャンス持つなら棹取りさん持てよ
函は天下のなぐれもの
ちゅう坑内唄があるぐらいやき、坑内下がる女ごにとってみれば、棹取りさんはまぁー今でいうたら憧れの的たい。そうやろうが、棹取りさんと気安うなれば、ようけ函をまわしてもらえるとやき。坑内から上がるとその棹取りさんはウチ方へ来て、「今日遊びに行かん？」ちゅう。「いやばい。ウチは怒らるるごとある」ちゅうても、そん人はウチからついて離れんと。

そーしよったところが、父ちゃんが兵隊から帰って来よった。そいで、「ちょっと家へ来《き》ない！」ち、言うんたい。行ってみたところ、ウチがその棹取りさんのことを好いちょるちゅうことを友達から聞いたげな。

「どげなわけか？」ちゅうんたい。

「そげなことはしちょらん」

「いや、しちょる！　おまえがどげな嘘をついてもわかっとるとぞ！」ちて、しまいにはその棹取りさんを家に呼びつけて、「おまえはこの女ごをどげんかしちょるとやろー！」ちて、すごみよった。父ちゃんはそん時、酒を飲んで懐ん中には短刀を入れちょんなった。そん人は「自分は好いちょるが、この人はうてあわん」ちて、顔を真っ赤にして白状したと。恐ろしかったばい。ケンカになると思うてウチはガタガタ震うた。父ちゃんは自分が申し込んだ女ごやと思うてから、頭に血がのぼっちょったんやろう。ウチの父ちゃんはそげん気の短いところがあったけんど、ほんに正直もんやった。昔は交際ちゅうてもなーんもせん。交際しよるだけばい。あん頃の人は、今んごとすぐ女ごを押さえ付けたりせんきね。正直なもんたい。

そげなことがあってしばらくしてから、その棹取りさんがウチのところへきて「その帯締めやらんな」ちゅうとたい。そいき、そう言われればしょうがない。ウチはやったんたい。そしたらその明けの日に、そん人は函に打たれて死んなった。ウチがあげた帯締めをちゃーんとしちょんなったよ。どーもこーも、欲しいでたまらんやったんやろーね。ほんによか人やったばってん……。

そげな昔話を今言いよったら、ほんなこつ嘘んごとある。一度だけ孫に話したことがあったんたい。そしたら「ホーッ。婆ちゃんにそげな人生あったとな?」ち、言いよった。それから先はもう誰にも言うたことがない。第一今の人に話してもわからんとやき。

［一九〇九（明治四二）年二月六日生まれ］

井上　マサヨ

坑内に下がりだした頃は、
みなさんはお父さんやお兄さんやらの後向《あとむ》きでかぼうていただいているのに、
私だけがこげな地の底で虫ケラのごと働いて本当に情けないと思うて泣きました。
汗と涙と炭塵で、とても女ごの姿ではございません。

私が八歳の時、たしか大正六年の五月二十四日やったと思いますが……広島県の芦品《あしな》郡ちゅうところから、この大之浦二坑へ来たとです。尾道《おのみち》から船に乗って門司《もじ》へ出て、二坑へ着いたのは夕方の四時を過ぎておりました。後から母に聞くところによりますと、ボッシュウにかかってきとるとです。その頃は一番不景気な時代で、広島の人はブラジルの方へもたくさん行かれたらしいとですが、外国へ行く勇気のないもんが炭鉱へ流れてきたとではないでしょうか。二坑あたりでも広島の人はたくさんおったとです。「広島党じゃけんのう」ち、言うてから、やっぱり広島のもん同士は気がおうて自由に話しよったとです。

広島の実家は土地を広げる余地もない山裾の小さな村にあって、裏作をやってようよう家族が食べていけるとが精一杯の貧乏の底の生活でございました。父は商売が好きで農業の傍ら、いろんなことに手を出しよったらしいとです。ところが、人に騙されたあげくに借金をして、もうにっちもさっちもいかんようになったとでしょう。親戚にも迷惑をかけまいと、なんもかんも投げ出して一家六人、両親と姉と私、それに下の弟二人を連れてそれこそ手荷物一つで炭鉱へ出て来たとです。

二坑へ着いて二、三日というものは、めずらしいやら恐ろしいやらで、なんて言うていいかわからんような状態でした。母なんかは「怖い、怖い」と申しておりました。刺青《いれずみ》をされた方がしょっちゅう博打をされて、揚句の果てに喧嘩になって、殴りあったり殺しあったり。また街頭では二銭銅貨を投げおうて、なにやら賭け事をされよる。それを労務の人がおいでて追っ払われる。今でこそ労務の方も紳士でいらっしゃいますけど、その当時は巻脚絆《まききゃはん》に草鞋《わらじ》履きでステッキをついて、子どもの私から見たらそれはそれは怖いようなおじさんでございました。他の方たちが炭鉱のことを悪く言われるのもなるほどと思うたほどです。

そんなこんなでようよう半年もたち、言葉にも慣れてきた時のことでございました。忘れもしません。その年の十二月二十一日午後九時、貝島炭鉱大之浦二坑で大爆発があったとです。死者三百六十九人。全滅やったとです。その中に私の父と姉もおりました。

その時、私はまだ大之浦小学校の二年生に行っておりました。夜中に目を覚ましましたら、母が線香をたいて一生懸命何か言いよる。それを夢のように聞いて、朝起きてみますと父も姉もまだ帰ってきとらんとです。

「お父さんはもう帰ってこんけ」ち、母が言うたもんですから、父の後追いばかりしていた弟がものすごく泣き出しまして、みんなで坑口まで迎えに行くことにしたとです。

その晩はものすごい雪で膝までくるぐらい積もっておりましたが、夜通し大勢の方が歩かれたとでしょう、坑口まで行く道はできておりました。坑口の前まで来ると柵がしてあり、中には入られんごとなっておりました。

「大丈夫、大丈夫！　お父さんはもうすぐ帰ってくるきね。ただ道中が悪うして帰ってこられんだけやきね。今弁当も送りよるき、家で待っときなさい！」ち、会社の人たちが言われるものですから、その言葉を信じて安心して帰りかけたとです。ところがいつもなら開いている八百屋さんや魚屋さんのお店の戸が、その日に限ってまだ開いてないとです。私は窓から中を覗き込んでみましたところ、看護婦さんが遺体の処理をされていました。それからボツボツと、坑内から無残な姿で遺体が上がってくるのを見まして、父と姉もとても生きてはいないだろうと思いました。

多くの人が坑内に残されたまま、一カ月たっても坑内は火が消えないものですから、会社はとうとう「全員死亡」ということで坑内に水を入れて密閉することにしたとです。私はその作業をみんなと一緒に遠くから見ておりました。すると、すぐ下の弟が坑口まで走っていって、作業をされている人の足にすがりついて泣きながら言うたとです。

「おいちゃん！　そこにフタをしたらお父ちゃんとお姉ちゃんが帰ってこられん！」

その弟の言葉を聞いて、密閉作業を見に集まって来ていたものはみんな泣きよったとです。

二坑へ来た当初、坑内には父と母と姉の三人が下がりよりましたが、下の弟が人見知りが激しく、「とても預かりきらん」ち、託児所から締め出されたとです。そいき、母と姉のどちらかが弟の守りをしなければなりません。親類にも顔の合わすことができんような状態で田舎を出て来ておりますから、もしものことがあっても親類に子どもの面倒をみてもらうわけにはいきません。結局母だけやめて、父と姉だけで働こうちゅうことになったとです。ガス爆発は、母がやめて一カ月ぐらいしてからのことでした。

その時、姉はちょうど風邪をひいて休んでおりましたが、年末には方数《かたすう》に応じて「入坑賞与」というのがありまして、くじ引きがあるんですね。それがものすごく魅力でございました。盆の時にはそのくじが当たったものですから、「冬にも引くんだ」と言って、とても楽しみにしておりました。母は弟を連れて毎日父の見送りに行くんですが、その間に姉は支度をして、いつもと違う道を通って行ったんですね。母が帰ってみますと姉がおらん。仕事にやるんではなかったと思うて坑口まで引き返しましたところ、ちょうど人車《じんしゃ》の下がるところで姉が「行ってきまーす！」と、手を振っていたのが最後の別れになってしまったとです。

父と姉の遺体も上がらないまま、故郷に帰るわけにもいきません。今なら労働組合もあって遺族も様々な制度で食べていけるだけは補償されていますけど、私たちの時代はなんもありません。母は土方をしながら私たち三人の子どもを育ててくれよりました。その時、母が一日働いて五十銭いただくんですね。お米一升が十七銭の時代でございます。今日一日働かなければ明日一日食べられんちゅう、どうにかこうにか命をつなぐだけの最低の生活でございました。それでも爆発でたくさんの孤児ができまして、私には母がいるだけでも本当に幸せと思いました。託児所から見捨てられた泣きべその弟が、母の命を救うたと、今でもそう信じております。

坑口を密閉して半年ほどたってからでしょうか。二坑が再開され、また働けるようになったとです。母も土方をやめ、また坑内に下がるようになりました。私は学校をやめて弟の守りをしておりましたが、女手一つで私たち子どもを育ててくれる母の背を見るにつけ、少しでも手助けをして母を楽にさせてあげたいとの一心で労務の人に頼み込んだとです。当時二坑には、笹部屋《ささべや》といって坑内に事務所が四カ所ございまして、そこにお弁当を運んでいく給仕の仕事を見つけていただきました。弁当箱といっても当時の弁当箱はほとんどが焼き物で随分重たいんですね。それとお茶の入った大きなヤカンがありますし、なによりも命の綱の安全灯がございます。両方に輪を作っていただいて前・後ろにかついで坑内に下がりました。

「オウ、まぁちゃん！　一人で行きよるとか？　坑内にはねぇ、大きな馬の首がぶら下がってるところがあるとぞ。あっこへ行くと、なんか出てからホッペタをなぜるきねぇー」と、おいちゃんたちに冷やかされて、とても怖い思いをしたとです。それでも、「なんもおるもんか。坑外ならいろんな人がおって博打もあればケンカもあるで、追いかけられたりもするけんど、坑内にはなーんもおらん」ちて、自分に言い聞かせながら下がりました。

数えの十五歳になった時、仕繰《しく》りの後向《あとむ》きに連れてってくれるという人がいて手続きをしていただきました。仕繰りというのは同じ坑内仕事でも採炭とは違って、坑道の枠を入れたり補修をしたりするいわば職人仕事で、仕事自体は採炭より楽なんですね。ところが最初のうちは、坑木の松の木を切るとでも、ヤニにノコがしめられてなかなか切ることができんとです。孔《あな》を刳《く》ればノミを打ちよるつもりが手を打って、血を出してはザクロんごとなりよりました。ボタをいっぱい入れたエビジョウケも重たくてかかえられんとです。函を押していくんでも、コトッとしたらもう安全灯が消えて、笹部屋までまた戻らななりません。そげなふうで、何をするんでもものすごう骨おりまして、その度ごとに先《さき》ヤマさんから怒鳴られまわるとですね。

仕繰りは採炭と違って五、六人で組を作って作業をしよりますが、男の人たちは「これとこれをやっとけよ」ちて、女の私を一人残して自分たちはタバコを吸いに行かれてなかなか戻ってこんとです。もう封建的も封建的。それでもまぁ、泣きながらよう辛抱したもんです。

今から思えばいろんなことを覚えさせていただいて本当にありがたかったと思います。けれどもその当時は、「父が生きておったら、こんなことはせんでよかろうとに。他の方たちはお父さんやらお兄さんやらの後向きでかぼうていただいているのに、私だけが他人の先ヤマさんの後について、ボロクソに怒られながら地の底で虫ケラのごとく働いて、本当に情けない」ち、思うて泣きました。坑内は暗うございます。明かりといったら安全灯だけでございますから、いくら泣きよっても涙もわかりません。涙と汗と炭塵で体中真っ黒になって、上は裸ですき、もうとても女ごの姿ではございません。

「もう明日は行くもんか!」ち、思うて逃げ帰っても、母が心配しよります。「遮二無二働かんといかん! 負けずに働かんといかん!」ち、自分に言い聞かせて、一言でも先ヤマさんから怒られずにすむように、坑内仕事はなんでも自分で覚えようと必死になって働いてきたとです。

賃銀は先ヤマさんが「一人三分」なら、次の人が「一人二分」。たいがいのことをしきる人が「一人役」。それに達しない人が「九分」「八分」となっていました。女の後向きは「七分」からはじめて「八分」になり、私は「九分」にしていただきましたが、「九分」の後向きちゃぁ珍しいと言われました。

結婚してからは、主人と一緒に仕繰りの仕事をしておりましたが、昭和六年、いよいよ女ごは坑内に下がれんごとなりました。その年に満州事変が始まるとですが、その頃は景気も悪く、貯炭の山でございました。坑内にもぼつぼつコンベアーが入り、そんなこんなで女ごを必要としなくなったとでしょうか。

それから太平洋戦争が始まり、朝鮮の人たちが二坑に連れて来られるようになったとは昭和十七年頃やったでしょうか。戦争が激しくなるに従い朝鮮の方たちもどんどん増えまして、ご飯炊きを入れな賄いきれなくなったとですね。私は一日二交代で寮のご飯炊きに入るようになりました。その時一番可哀想で今でも忘れられんのは、十五、六歳ぐらいやったとでしょうか、日本名をヒラヤマキセンちゅう子がおったとです。なんでも病気のお父さんに代わって連れて来られたらしいとですが、親元から遠く離れて、こんな小さな子どもが地の底に入って働かないかんと思うと、もう可哀想で、私も情が移って自分の子どものような気持ちで世話をさせていただいたとです。食堂は毎日二人が当番で掃除をするんですけど、その子がいつも掃除に出たがるとですね。おこげが出た時に私たちがおにぎりにして当番に来た者にあげるもんですから、それが魅力だったんでしょう。可哀想で見るに耐えんやったとです。

一度、増産前に白玉粉が配給されたことがあったとです。それで団子を作ってご飯のお皿に八つか九つぐらいあげたとです。そしたら、おおかた六十ぐらいの方たちも「アリガトウ、オバチャン。アリガトウ！」ちて、泣いて喜ばっしゃったとです。自分の故郷に帰ったら、こんなんはいつでも食べられるとでしょうに、みなさん口々に喜んでいただいて、これだけの感謝を私たちにしてくれると思うと、ほんと嬉しいやら悲しいやらで胸が一杯になったとです。お昼のお弁当ちゅうても外米に沢庵がたった二、三切れで、それで十二時間も坑内の激しい労働をさせられるとですから、白玉粉の団子でもよっぽど嬉しかったとでしょうね。

朝鮮の人たちは連れて来られるなりなんの訓練もなしに働かされて、入坑するんでも風呂に行くんでも見張りがついて、食事もそげなふうではやっぱり血気のあるもんは耐えかねて逃げたがるとですね。逃げたと聞けば「どうかして捕まらんでうまく逃げ通してくれ」ち、私たちは祈るごとありました。それがたいがいが捕まるとですね。そうすると警察もおいでて、一番方で入坑する前に全員を食堂に集めて、見せしめにビシビシ叩いては水をザブザブかけるとです。ちょうど私たちが食事の支度をする頃しなさるき、もう辛い辛い。耳に栓をするごとありました。

戦争が終わった時には、朝鮮の人たちはそれはそれは喜ばれました。ひどい目に遭わせた連中は仕返しを恐れてどこかへ逃げてしまっていましたけど、私のところには何人もお礼に来ていただきました。ヒラヤマキセンも「おばちゃん！ありがとうね。おばちゃんからしてもろーたことを国に帰ったらお母さんに話すからね。またボクが日本へ来た時には一番におばちゃんのところへ来るきね」ち、言うて帰りましたが、暫くしたらお鏡のような飴が朝鮮から送られてきたとです。

こんな世の中が来るなんて夢にも思わんやったとですね。私たちの時代は働いて働いて、もうとにかく一生懸命働かないかん時代やったとでしょう。そりゃぁ、不足をいうたらキリがないですけど、私たちが通ってきた人生からいえば今が一番極楽です。

女が坑内に下がられんごとなってからは、坑外の仕事もしましたし土方もしました。左官さんの手伝いや大工さんの仕事もしました。それこそありとあらゆる仕事を狂うたようにしてまいりましたが、それが私に強さを植え付けてくれたと思うています。「負けてたまるかっ！」ちて、心の中でいつも思いよりました。広島の田舎から出て来て一年もたたんうちに父と姉を亡くしましたが、それでもやっぱり炭鉱のおかげで私も子どもたちも暮らしてこれたと思うとります。今は足もこげんよがんでしもうとりますが、「婆ちゃん、一カ月ぐらい坑内に行ってみらんな」ち、言われれば喜んで行くとです。

ただただ今残念に思うのは、どんなことをしても学校だけは行っとけばよかったと思います。でも当時は、五十八歳まで坑内に下がって私たち子どもを育ててくれた母の気持ちを思うにつけ、とても学校どころではございませんでした。私がそんなふうで義務教育もしておりませんから、子どもだけはと思いまして夜もなく昼もなく働いて、どんなに忙しいことがあっても子どもには一日も学校を休ませんごと人並みのことはしてきたつもりです。

もともと貧乏でしたから、貧乏は苦になりません。それでもやっぱり時代が違いますき、いくら私が苦労したからといって、それを子どもに押し付けるわけにはいきません。第一今の子どもは耐えることができません。それでも子どもは子どもなりに親のことを考えてくれているとですね。

私は子どもを十人産みましたが、一番下の娘が広島の大学を出まして広島の土地の人と結婚したとですが、結婚式の時に「誓いの言葉」というのがありまして自己紹介をするんですね。そこで娘は「私は福岡の炭坑夫の娘で、しかも十人兄弟のいちばん末っ子です。私の家族は広島県出身で私も広島が好きで広島に住むようになりました。父も母も炭鉱で働いて苦労しながら大勢の子どもを育ててくれました。とてもいい父です。とてもいい母です」ち、紹介してくれたとです。

親兄弟があっちこっちから集まって出席しとったとですが、それを聞きましてみんながみんな泣き出したとです。「可哀想に。炭鉱で生まれて炭鉱で育ったっち、坑夫の娘っち、さぞ言いづらかったろう」ちて、みんなそう思うて泣いたとです。ところが後で本人に聞いてみればケロッとしているんですね。「なにがおかしいね？　私は炭坑夫の娘で大学も四年までやってもらって、なんにも隠すことはないよ」ち、そう言うてくれよりました。

［いのうえ・まさよ　一九〇九（明治四二）年二月二八日生まれ］

酒は　時枝本店

橋本　タメヨ

都会の人は自分さえよければ人のことはどうでもいいごとある人が多いいき、好かんですたい。この町も閉山でこげん寂れてしもうたけんど、やっぱー昔の炭鉱町がいいですたい。今は偉か人とか、大学を出よったげな人とかが悪いことをする。ほんとおかしいごとある。

だいたい二坑は、もとからガスがひどかったですきね。炭塵ちゅうて、石炭のこまいとが坑内にはいっぱい舞っちょるとたい。これに火が入ると炭塵爆発ちゅうて大ごとになるたいね。そいき、炭塵がまわんごと石炭を上ぐるとにも水を打ちよったぐらいやき。そーすると、その水が地に溜まりまっしょう？　その溜まった水が下から出て来るガスでブルブル震えて泡がたちよったぐらいですき。ガス計りはずーっと来よったが、爆発が起こる時はそげなふうたい。

大非常があったとは夜の九時頃やったか？　私は家で寝床に入っちょる時やった。うちはフがいいでお父さんも弟も一番方やったき助かっちょるとたい。人間の運、不運ちゅうもんは一体どこで分かるるかわからん。二番方で下がっちょった三百人以上の人は一瞬のうちに全滅やったですきね。

非常に遭わなんだ者は、男も女ごも労務から招集をかけられて、女ごは上がってきた遺体を洗わないけん。そいき、もうみんな半焼きで臭うして……洗われんとです。流しの上から水をどんどん流して洗いよったが、皮がビリビリビリビリむけるとですよ。そん時、私はまだ十六、七の娘ですばい。目も鼻も横向くごとある。

坑内には笹部屋《ささべや》ちゅうて、役人のいる事務所がありますたい。机に向かって字でん書いちょんなったんやろうねぇ。上の方はガスが通っちょりますき、頭はキンカラ坊主で目もなんももう骸骨になってしもうて、誰が誰やらいっちょんわからん。そげな遺体もありましたばい。そりゃー惨い姿じゃった。

　昔は炭鉱で働くゆうたら、年をなんぼ隠しちょっても名前をなんぼ変えちょってもそんなには詳しく調べんき、どこの誰やらもわからんまま引き取り手のない人もたくさんおりなすったばい。こーまい子どもは人に預けて夫婦で下がりよったき、孤児になった子どもも多かったですばい。他所にもらわるる子はもらわるるで、あとは施設のような所へ連れていかれたんばいねぇ。年寄りが一人残されたちゅう家もあれば、一家が全滅したところもあったちゅう話ですたい。

　そげな事故を見ると、もう炭鉱は嫌だと思うですたい。手を握りしめ、歯をくいしばって真っ黒焦げになって死んでいる姿を見たら、もう二度と坑内には下がろうとは思わん。「また非常がありはせんやろーか？　今度は私の番やなかろーか？」ちて、やっぱー思いますばい。

　私が生まれたとは四国の愛媛県中川村ちゅうとこですたい。家は子ども相手の駄菓子屋をしよりましたが、私が九つの時ボッシュウにかかって大牟田《おおむた》にある三池炭鉱に行きよりました。「三池炭鉱の一号汽車は、みかけよかれど人殺し」ちゅうて、どげな意味かはようとわからんばってん、そげな歌をこしらえて子どもたちで歌いよったよ。そうこうしよるうちにお母さんに末の子ができよった。そいき、しばらくは坑内に下がられん。そん時、お父さんは「一人条約はでけん」ちて、事務所から言い渡されて、三池炭鉱を首になったちゅう話ですたい。

　そーして来よったところが、宮田の先にあった小ヤマですたい。この小ヤマの切羽《きりは》は、天井の高さちゅうても五十センチあるかないか、スラがようよう行ったり来たりできるぐらいで、上の日がまだ差し込むぐらいのいよいよの小ヤマじゃった。それでも上がって来る人を見よれば、パラリパラリなんぼでんおりよったばい。小ヤマは大ヤマと違うて志願ちゅうもんがないですき、誰でん自由に下がれよった。私もこーまい弟や妹が乳を飲む時間になると背中にかろーて坑内に下がったと。そーしてお母さんが乳を飲ましてる間、私がスラを曳いたり何たり、やっぱー後向《あとむ》きの真似事をしよった。それが私が十二、三の時。坑内に初めて下がったっちゃぁそん時たいね。

そこの小ヤマには二、三年おったとでしょうか。「やっぱり小ヤマじゃぁつまらん。大ヤマに行かな！」ちて、来たところが貝島炭鉱大之浦二坑やったとです。そしてあの大非常に遭《お》うちょるとです。私が志願して坑内に下がりだしてまだ間なしのことじゃった。

私は最初はお父さんの後向きで下がりましたが、そのうちお父さんは仕繰《しく》りになりましたき、それからは他人の後向きで行きよりました。他人の後向きちゅうとがこれがまた大変ですたい。先《さき》ヤマさんが都合よう上手な人やったら炭も人より早く出して上がることができよるが、下手な人についたら加勢もなんもしてくれん。炭を出すのも人より遅れて、後ろから函を突っかけられては、もう追いかけまわさるるとたい。

結婚してからは主人と下がりよったが、夫婦で仕事をしよるとやっぱー我がままが出る。チィート切羽が悪うして炭が出らんやったら、コツコツコツコツ腹かいて、私にあたりまっしょう？　私も腹かいて昼前の人車《じんしゃ》で上がったことが何回でんありますたい。そいき、私は主人と後・先組んで行くよりも、他人の後向きで行った時の方が多かったですばい。

今は年寄りの一人暮らしですき、大阪にいる子どもが「こっちへ来て一緒に暮らしない！」ちて、言うてくれよるけんど、都会の人は自分さえよければ人のことはどうでもいいごとある人が多いいき、好かんですたい。閉山でこの町もこげん寂れてしもうたけんど、やっぱー昔の炭鉱町がいいですたい。この間、商売に失敗して小倉から来ちょんなった人が言いよった。「炭鉱ちゅうとこは、あそこからここからの出会いの人じゃけん、なかなかむつかしかろうと思うたが、来てみりゃぁなんのことはない。みんなあっさりして都会よりええ！」ち、言いなったもんね。そりゃぁ炭鉱の人はみんな親切ですばい。「あんた方ご菜あるな？　あんた方はご飯持っといで！　ほなみんなで食べよか！」ち、げなふうで、お金でん困ったら、みんな借金でんして貸してくれよったよ。昔の炭鉱は、そりゃー学問もない貧乏人ばっかやったが、お互い助け合うて信用でける人が多かったぁ。

今は偉か人とか、大学を出よったげな頭のよか人とかが悪いことをする。ほんとおかしいごとある。

［はしもと・ためよ　一九〇一（明治三四）年五月三一日生まれ］

桑名　ハツエ

スラも曳いたが立ち担《にな》いがきつくてね、六尺を肩に乗せるとでもヒィヒィ言うたよ。「もう一度坑内で働きたい」ちゃぁ、本当に働いたことのねぇもんじゃろう。苦労ちゅうもんは一代のうちに何度あるかわからんたい。

ウチは大分で生まれて田川には這うじぶんに出てきちょると。そん時は「斜坑」におって、まだ上に兄さんやら姉さんやら五人ぐらいおっちょろう？　そいき、お父さんもお母さんも、ヤオなかっちょろうよ。両親は「斜坑」で釜炊きをしよったが、やっぱーそれでは食べてはいけん。「釜炊きじゃぁつまらん」ちて、坑内に下がりよんなった。ウチが初めて坑内に下がったのは十三か四の時。最初はお父さんの後向《あとむ》きで、その次はお兄さん。結婚してからは夫婦で下がりよった。ウチはずーっと三井で働いたと。

そん頃から三井には竪坑《たてこう》があって、ケージに乗って下がりよると耳がなんぼかズーンとするんたい。そーしてカチーンちゅうたら下に着く。そこから我が切羽《きりは》まで安全灯を下げてくさ、トボトボトボトボ歩くんたい。あん頃の坑内は年増のお母ちゃんばっかりで、娘っ子はあんまりおらんじゃった。そいき、まだ数えで十三、四の子どもじゃき、年増のジョはウチをなぶるよ。余り函でんウチには取らせりゃぁせんたい。ハナ函を取りよるときは、もう安全灯もなんもほっぽり投げて、走って行っては体ごと函ん中に入って先《さき》ヤマさんが来るのを待っちょくと。年増のジョは後からノッソリやって来る。そーして、ウチがヒョロッと首をあげると横におる。

「函をくれ！」ち、年増のジョは言うよ。

「やられん！」ち、ウチが言う。

いったん坑内に下がったら、大人も子どももありゃぁせん。みんな我先のケンカ腰じゃき、やっぱー今振り返ってもヤオないばい。「もう一度坑内で働きたい」ちゃぁ、そりゃー本当に働いたことのねぇもんじゃろう。

一番で死んだちゅうとこに二番で繰り込まれたら、アッコ、ココに血が落てて、もう生臭うしてうらめしいばい。それかっちゅうて、行かんわけにはいくめい。もう「働かな！」ち、思うちょるき、しまいには女ごでも度胸がついてしまうとたい。

女ごが坑内に下がれんようになったのは昭和の何年じゃったろーか？　昔はそげなことを頭において働いちょらんき、いっちょん覚えんたい。それでもウチは十四、五年は下がっちょろー？

今、昔の坑内のことを考えると、やっぱーきついきつい。函を取りそこのうたら一日なぐるる。朝の五時に下がっても、上がってくるのは夕方の四時か五時。スラも曳いたが立ち担いがきつくてね、六尺を肩に乗せるとでもヒィヒィ言うたよ。そいで函の縁にいったら荷を振りあげにゃぁなるめいがね。

人間、銭をなそうと思えば何でんヤオないですばい。そいき、ほんに骨折りよったよ。苦労ちゅうもんは一代のうちに何度あるかわからんたい。

［くわな・はつえ　一九〇三（明治三六）年四月一〇日生まれ］

皿海　トシコ

今、昔の炭住を壊して団地を作りよりますが、お互い戸を閉めて顔を見ることもないちゅうことですたい。昔は貧乏をしよりましたが、何をするでん近所のもんと顔をあわせてやってきましたき「家はボロでも昔の家がいいねぇ」ち、みんな未だに言いますたい。

私は生まれが香春《かわら》ですもんね。それが十歳になった時、炭鉱の伯父さんの家にもらわれて来たとです。新しくこさえてもろーた足半草鞋《あしなかわらじ》を履き、手には小さな風呂敷包みをたった一つ持たされて、田川まで歩いて来よったのを今でも覚えちょります。昔は子どものおらん家はなんぼでん他所の子をもろーて太らかしよったよ。

養い先では伯父さんは可愛がってくれよりましたが、伯母さんがわからん人で難儀しよりました。遠足とか運動会とかゆうても弁当ひとつこさえてくれん。私は折り箱にご飯をチィート入れて、その上に高菜漬けをのせて持って行きよりました。そしたら友達が「こっちにおいで。卵焼きもあげるよ、カマボコもあげるよ」ちて、言うてくれました。私はそげんあってもひがまんで、学校だけはよこわずに行きよりました。それでも晩方になれば、やっぱり家に帰りたい一心で、香春岳の方を向いては一人で泣きよったとです。

伯父さんはとっても植木の好きな人で、家には大きな岩がいっぱいありました。私はこまい時からきれい好きで、とってもよく掃除をしよったんです。五年生の時、家の掃除をするとに、まだ抱えきらんげな大きな岩を持ち上げたところ、家のスリガラスを割らかしてしもーたとです。当時炭鉱に働きよる人の中で、スリガラスを持ちよる人はまだおらんちゅう、そげな時代のことですたい。そのガラスが、「一枚一円五十銭するとぞ！」ちて、伯母さんがとっても私のことを怒ったんです。私はそれが悔しいでたまらんですたい。「ガラス代ぐらいは自分が働いて返す！」ちゅう気になって、私は炭鉱のガラ拾いに行きよりました。朝、昼、晩と一日三回、毎日毎日行きよった。そーしてガラス代を返しよったら、今度は伯母さんに欲が出よったんですたい。「もう学校も行かんでいい、ガラ拾いをせい！」ち、げなふうで、私はそれっきり学校も行かんずく炭鉱で働くことになったとです。

香春から三井の三坑へ来た時は、坑内なんかで働こうとは考えん。伯父さんも「親戚で炭鉱に働いちょるもんは他におらんき、坑内だけは下がってくれるな」ち、言いよりましたが、十五歳になったとき反対を押し切って志願したとです。

採炭は普通夫婦やら兄妹やらで一先《ひとさき》組んで下がりよりますが、私は貰い子の一人っ子ですき、だーれもおらん。嫁さんが働きよらん人とか、若くてまだ嫁さんをもろーちょらんような人とか、誰でも入れてくれる人のところへ行かななならん。私はトシコち言いますき、「トシちゃん、はよ来ない！　入れてやるけん！」ち、言われれば、「はーい」ちて、飛んで行きよったとです。私は子どもの頃からこげんこまいもんやき天井に頭を打つ心配もないですき、坑内ではいっつもチョロチョロチョロチョロ、わき目もせんごと走りまわりよったとです。

当時の炭鉱は一番二番の二交替。二番方で下がる時はなんぼ寝ちょっても夜中の二時三時になれば眠い眠い。坑内は狭いですき、テボをかろうちょるもん同士がすれ違う時は、空のもんは座って待っちょかないかんとです。そいき、いちど座り込んでしもーたら、そのまま眠りかぶってしまうごとある。そげな時は恐ろしいとか危ないとかはいっちょん考えんですばい。

今、昔のことを思うたら炭鉱の人はみんな情愛が深かったですばい。近所の人はみな兄弟のごとある。ところが炭鉱が閉山になって、ここの人が他所へ行ってしもーて、他所の人がこっちへ来るごとなって、ここらあたりもコロッと変わってしもーた。昔からおった人は気安いで、道でばったり出会っても「あらっ、アンタ！　元気にしちょったね？」ちて声をかけてくれる。ところが新しく来よった人は隣におっても物も言わん。水くさいもんですばい。家の前に草が生えちょっても草ひとつむしらん。昔、私がたは競争してきれいにしよったが、町内にゴミがたまっちょっても掃こうともせん。

今、昔の炭住を壊して五階建ての団地を作りっまっしょう？　そいでみんなが言いよった。「団地になったらなお情愛がない」ち。「お互い戸を閉めて鍵をかけよるき、よっぽど用事があればベルも鳴らすけど、そうでなからな同じとこにおるとに顔を合わすことがない。そりゃー冷たいよぉー」ちてね。閉山になって人間が変わってしもーたですばい。ここも東京や大阪みたいに隣の人に何があっても「知らん！」ち、げなふうになってきたとばい。ほんとなげかわしいですたい。

私たちが元町におった時は、四畳半一間。そいで炊事場は外。水道なんかはもちろんない。他所に汲みに行って、いのうて持って来なならん。そげな家が前七軒に後ろ七軒。合わせて一棟十四軒ですばい。その頃はまだ社宅とも言わん。納屋ち、言いよった。アンタ！　その四畳半に爺さん夫婦に息子夫婦と若夫婦ち、げなふうで、三夫婦おったとこがありよった。それに子どもがおるとですき、ほんと重なるごとある。

昔はそげなふうでツメの先で火をとぼすげな貧乏生活をしてきよりましたが、ご飯を炊くんでも、お茶碗を洗うんでも、なんでんかんでん近所のもん同士顔を合わせてやってきよりましたき「ほんと家はボロでも昔の家がいいねぇ」ち、みんな未だに言いますたい。

［さらうみ・としこ　一九〇七（明治四〇）年四月四日生まれ］

倉谷　タマキ

一度、ある曲片《かねかた》にガスが入ったことがありよった。そん時「ガスには酸が毒消しになるげな」ちて、アンタ！　ミカンを二つに割って、それを口に押さえて坑内に下がりよったよ。今思うたら、もう話にならんぐらい遅れちょった時代ですたい。

ウチは坑内ちゅうても八年八カ月しか下がっちょらんですたい。結婚して一年もたたんうちに主人がボタをかぶっちょるとです。幸いフがようして、掘り出した炭を後ろに山んごと積んじょりましたき、その隙間に入り込んで命だけは助かっちょるたい。そいでも腰を強く打って足が麻痺してしもーたとです。そん時、ちょうど私も長女が七カ月で腹に入っちょりましたき、それを機に坑内はやめよったとです。

それから先は営繕の仕事に入れてもろーて、ここが閉山になるまで働いてきよりました。そいき、三井には四十年以上働いてきちょるたいね。その後は失対に八十歳まで行きよりましたき、辞めてからまだ二、三年。ほんと、つい昨日まで働いてきよったんやきねぇー。もう働きづめの人生たい。

熊本から田川の三井三坑へ来たとが大正元年。そん頃は三井ちゅうても山ばっかしで、通りにもパラパラーッとしか店がなかったですもんね。もちろん電気もついちょらん。ランプの生活ですたい。それからどのくらいたってからかね？　豆電球のげな、こーまい電気がつきよった。

明けの年にウチは三井に働く人たちだけの小学校に入りよったよ。まだ大正の初めの頃のことですき、教室ちゅうても一並びあっただけで、ウチたちは弟やら妹やらを背中におぶって行きよったですもん。あの時代の小学生ちゅうたら「早く働いて親の加勢せな！」ち、思うちょるぐらいで、他にはなーんの考えもないですたい。昔は今と違って学校で思い出を作るげな余裕はないと。

坑内に下がるまでは、やっぱー貯炭積みとかに行きよった。この仕事もなかなかきついんですばい。まだ十二、三の子どもですき、石炭を積んで上ぐるとに、なかなか抱えて上げきらんですたい。一日なんぼやったか？　もう覚えんねぇ。

ウチは長女やったですもん、数えの十五になるのを待ち兼ねて志願しよった。あん頃は志願ちゅうても体格を調べるぐらいなもんで、通らんちゅうことはなかったですたい。それからだんだん発展しだしてからは難しゅうなったちゅう話ですたい。ハナの坑内は、やっぱー気色悪いですたい。坑内には木の腐れた匂いなんかしよりますき、一週間ぐらいは坑内でお弁当を食べきらんごとありました。

その当時から三坑には竪坑《たてこう》があってケージに乗って下がりよった。今で言うたらエレベーターたい。何十尺とかいいよったが……そんなにはかからんよ。二、三分やないと？　それから先は人車《じんしゃ》に乗ってまた下がる。人車ちゃぁ電車のこーまいげなもんたい。アンタ！　地の底に電車が走っちょるんばい。たまがったぁ！　そいで人車を降りたら今度はしばらく歩かなならん。そうすると今度は馬がおる！　それを見た時はなおたまがったぁ！　いつまで馬が坑内で炭を引きよったんやろうか？　ウチが下がりたって、まだ二、三年はおったきねぇ。

坑内で使わるる馬ちゃぁ可哀想なもんたい。ずーっと地の底におって、お天道さんを拝むことは一切でけん。そいで使われんごとなって初めて上さへ上げられる。坑内の暗い中に何年もおって、弱ってから上げられたっちゃぁ目もなんもわからんごとなっちょるとたい。

仕事はお父さんが払いの責任をしよりましたき、最初はお父さんの後について行きよりました。坑内には切羽《きりは》から函のくる曲片までコンベアーが据えてあって、ウチたち後《あと》向《む》きの女ごはエビジョウケですくい込んだ炭をそのコンベアーに流し込むだけやった。

それからだんだんと切羽が奥に行くにしたがって、コンベアーもかけられんごとなってからはテボをからいよった。そこが卸《おろし》ちて、函が来るところより下に切羽があるんですたい。そいき、下から上さへからいあげなならん。どのくらいあげよったかね？　なんたってアンタ！　地の底でハシゴをかけて登りよったぐらいやき、普通の家の天井の二倍ぐらいあったんやないと?

そげなふうで、ウチたちが下がっていた時代の坑内ちゃぁ、今思うたら笑い話げなことばっかしたい。一度ある曲片にガスが入ったことがありよった。会社が言うにはそこの炭はどーしても積まななならんちゅう。そん時「ガスには酸が毒消しになるげな」ちて、アンタ! ミカンを二つに割って、それを口に押さえて交代交代で坑内に下がりよったよ。後で開けてきてから聞きよれば、ミカンなんガスにはなーんの効果もないちゅう話ですたい。あん頃は「ガスが出た!」ちゅうたら、そこらじゅうからミカンを山んごと集めてきては坑口からドンドン投げ込んだちゅうぐらいですき、もう話にならんぐらい遅れちょった時代ですたい。

[くらたに・たまき　一九〇七(明治四〇)年一月一一日生まれ]

梶原 スエメ

昔の炭鉱は大人も子どもも隣近所のもんは家族と一緒ですき、みんな助けおうて生活してきよりました。今は人と人の触れ合いも、横と横との繋がりもなくなってしもーて、自分は自分ちゅう。それも気楽でいいけんど、やっぱりちょっと寂しいですたい。

昔、大牟田《おおむた》に万田坑ちて、ありましたもんね。そうそう、三井さんの三池炭鉱ですたい。そこに私は十歳の時、お母さんに連れられてきたとです。兄さんたちは「お母さん、炭鉱ちゅうとこは、どげな人が行くとこか知っちょるね？あたりまえの人は行かんとばい」ちゅうて、みんなで反対しよったが、そん時にはお父さんなんもうおらん。お母さんも喘息《ぜんそく》持ちで焚きもんも一人では取りに行ききらん。子どもはといえば全部で六人。とても熊本の田舎におったっちゃぁ食べていけんですき、お母さんは近所の人に頼み込んで、一緒に連れてきてもろーたとです。そーして、兄さんたちを炭鉱で働かせて一家をたてていきよった。

三池には一年ぐらいおったとでしょうか。それから筑豊さへ出てきて、最初は香月《かつき》にあった貝島炭鉱に来ちょるとです。私はお母さんのかわりに所帯をして、夜中の一時に起きては兄さんたちのお弁当を五人前作りよった。そいき、私は学校にも行っちょらんとですよ。

香月に来て四年目に、お母さんは亡くなりました。兄さんたちは「炭鉱は嫌ーっ！」ちて、すぐに熊本に帰りました。私も一緒に田舎に帰り農業をしよりましたが、二十一歳のとき、兄さんの嫁さんの従兄と結婚せんかちゅう話になったとです。ところがそん人は、爺さん婆さんを養うていた人だったんですたい。今は身寄りがない年寄りでも政府が面倒を看てくれよるが、昔はアンタ！　誰もおらなどっこも行き場がないで、なんぼ食べんでおったっちゃぁほったらかしで、死ぬしかないでっしょうが。そいき、昔の人は子どものおらん家は他所から息子や娘をもろーて跡継ぎにさせて、自分たちが年寄りになってからの面倒をみさせよったんですたい。ところが自分で子育てをしちょりませんきなかなか辛抱がでけんですたい。私のお母さんもそれで失敗しちょりますき、「娘だけは絶対にそげなところにはやらん」ちて、いつも言いよりました。そんなお母さんの言葉を覚えちょりましたき、「来んか？」ち、言われたけんど行きたくはない。そん時、三番目の兄さんだけが熊本に帰らんずく、まだ香月の炭鉱におったとです。私はその兄さんを頼って香月に戻り、そこで初めて坑内に下がることになったとです。あの筑豊御三家のひとつ貝島炭鉱といえども、坑夫の人たちの納屋はまだ藁葺き屋根の時代やったとです。

結婚は香月に来た翌年、二十二歳の時ですたい。ところがアンタ！　私がたは一人もんち、いいよったが、一人もんでもなんでもなかったんですたい。最初の子どもができて戸籍をとったら、初めてわかったとです。子どももおれば婆ちゃんもおるで、私は仲人のところへいって腹かいたとです。先妻の子どもは七つぐらいになっちょりましたもんね。そいき、いくら腹かいたっちゃぁ、私には生まれたばかりの子どもがおる。帰ろうちても帰られん。それから先も次々と子どもができて、合わせて十人。もう出て行くどころじゃぁないですたい。

昔の炭住は並びに十軒、向き合いで二十軒ですたい。戸を開けると畳一枚ぐらいの土間があって、水も外ならおくどさんも外。中は四畳半か六畳の一間があるだけですたい。そこに爺ちゃん婆ちゃんやら兄弟やらがおって一緒に寝起きをしちょるとですき、そんなにはアレがされんとですよ。ところがたまーに一回なしたらもう子どもを授かっちょる。ほんと情けないごとある。

香月から田川の三井に来たとが私が二十三の時。ここで、主人は三井の相談役……まぁ今で言うたら労働組合みたいなもんですたい。その役をしよりましたき、坑内から上がればみんなうちへよって、人の絶え間がないんですたい。昔はなにかにつけ一杯飲み一杯飲みで、夜の夜中もなしに飲み続けて、その酔った勢いでしよったですき、私が「いやー！」ちゅうても無理矢理ですたい。そいき、いっつも「栄町へ行けー！」ち、言いよったとです。当時の栄町ちゃぁアンタ！　ものすごかったですき。今は寂れてしもーちょりますが、昔は料理屋がズラーッと軒を連ねて、女ごがいっぱいおりよった。

私は子どもを十人産みよったが、昔の炭鉱は大人でも子どもでも隣近所のもんは家族と一緒ですき、子どもの心配を一つもしたことがないんですたい。「あの人はどこの人で子どもは何人おる」ちて、全部わかりよった。そいでどの子もこの子も、大きいもこまいも、みーんな一緒になって遊んでくれよった。子どもんジョはみんな炭住の路地を遊び場に育ちよった。学校へ行くごとなって喧嘩をして帰ってくれば「喧嘩するならもう一緒に遊ぶな！」ちゅうても、翌朝になったら「一緒に行こー」ちて、呼びに行く。「別々に行けー！」ちゅうたら「へヘン！」ちて、肩を組んで二人で行きよる。

外で自分の子どもの頭を摘んでやりよれば「ウチも、ウチも」ちて、どっからともなくみんな集まっては知らんうちに行列がでけちょる。どの子の頭もみーんな摘んでやらななならん。そいけんど、そげなんは一つも苦にならんやったとです。赤ちゃんがおれば「母ちゃんはまだ坑内から帰らんき」ちて、近くの人が乳を飲ましてくれよった。もううちの子も、よその子もない。食べ物も、どこのんでもこのんでもない。なんでん炊いたちゅうたら、持って行ったり持って来たりで、みんな助け合うて生活してきよりました。

今は「誰々さんはどこにおるね？」ちて聞かれても「さあー？」ちゅう。そいでようと調べたら自分がたの隣ですもんね。炭鉱がみーんな潰れてしもーて、人と人の触れ合いも、横と横との繋がりもなくなってしもーて、自分は自分ちゅう。今は昔んごといらん世話をやくもんもおらな、隣がなにをしよるかも知らん。それも気楽でいいけんど、やっぱりちょっと寂しいですたい。わたしも八十を越え、六人おった兄弟もみーんな死んでしもーた。歯もなんもないごとなって、このあいだ入れ歯を入れてもろーたけんど、入れきらんとですよアンタ！

［かじわら・すえめ　一九〇六（明治三九）年七月三日生まれ］

小野　ユスヨ

昔のこつ考えりゃぁナシ、ウチは今でも遊ぶげな気持ちにはなれん。洗濯とか炊事とかちゅう所帯は、いっちょん女ごの仕事のうちに入っちょらんじゃったきナシ。一生懸命坑内に下がって働いた時の気持ちが今でも忘れられんと。

ウチは大分県の矢野ちゅうとこで生まれたとです。家は農業をしよりましたが、ここには嫁さんにもらわれて来たとです。「炭鉱なん行かん！」「坑内なん下げん！」ち、言いよったけんど、やっぱり来てみりゃぁですな、舅爺さんがおったきジーッとしちょるわけにもいかん。坑内に下がった方がよかろーと思うて志願したとです。そしたら百姓出やき一遍で志願が通ったとです。ウチはここ、三井の漆生《うるしお》炭鉱から他はどっこも行ったことがないとです。

最初に坑内に下がった時はえずかったですな。三十六片……四十片……四十三片……ちて、ずーっと地の底に下がっていきよったきナシ。慣れたらそげんことはないばってん、石炭がこうブリブリブリブリちゅうと、上から天井が落つるげなと思うて逃ぐるごとあったきナシ。慣れるとは、やっぱー一年ぐらいかかりよった。

スラは曳くとは曳いたが、テボをからうとはしきらんじゃった。スラも慣れるまでは大変じゃった。「水が降れば走って危ない、降らねば重たい」ち、げなふうでナシ、スラ三杯で函がいっぱいになりよった。「三杯ズラ」ち、いいますたい。ウチたちが下がる頃はまだ木の函じゃったきナシ、その木の函一函が五十銭じゃった。そいき、主人と後《あと》・先《さき》組んで二人で十函どん炭を出せば五円になりましたき、「まぁー五円がとこしたきよかったぁ。もう今日は上がらな」ちゅうて、そん頃の五円ちゅうたら大金じゃったきナシ、喜んで上がりよったもんですばい。

主人なんかはウチが来る前から坑内に下がって、採炭一筋ですたい。十五歳から五十五歳まで四十年間働きましたばい。辛抱に下がりよったきナシ、模範坑夫ちて言われよった。人が一日に「一人」もらえば、ウチ方は「一人二分」もらいよった。

坑内には何年下がったとでしょうかねぇ。女ごが下がられんごとなるまで働きましたきナシ。それから先は選炭へ行って、そこもしばらくしたら女ごを使わんごとなりましたき、今度は洗い炭に行って、それがしまえたらアンタ！　土方がありましたきナシ。一日三十台トロを押してたったの五十銭。それでもやっぱり舅爺さんが「あーぁ、ありがてぇーこつ」ち、言うて喜びなったきナシ。もうほんなこつ、昔は一生懸命働いたぁ。洗濯とか炊事とかちゅう所帯は、いっちょん女ごの仕事のうちに入っちょらんじゃったきナシ。

子どもを産むんでも、娘がでくる前の日まで坑内に下がりよったですばい。でくる日も下がるはずじゃったが、あんまり腰が痛いき、よこうちょったら一晩グズグズして明けの朝には産まれよった。その娘がいま隣に住んじょりますき、私一人でご飯を食べてもいいばってん、「お母さん、こっちへ来《き》ない」ちゅうて、いろんなおごっつぉをこしらえてくれよります。そいき、アンタ！　ご飯一杯どん食べるぐらいそげんおかずはいらんけん、もうもったいないごとある。

近くの年寄りが「あんた、なし老人センターへ行かんと？」ちて、言いよるけんど、ウチはそげん遊ぶげな気持ちにはなれん。昔のこつ考えりゃぁナシ、男はフンドシもせんで仕事をしよったですばい。女ごも、じょうもんさんなら上着も着るばってん、ババさんたちなん、なんも着らんとパンツ一丁たい。そげな格好でアンタ！　地の底の暗い中で一生懸命働いてきよったきナシ。そん時の気持ちが今でも忘れられん。炭鉱には十四、五年は立派に働いてきましたきナシ。主人も私もフがようして目に付くようなケガもせんでようございました。

もうアンタ！　私も炭鉱で一代すましましたばい。あの世が近うなったき、いつコロッといってもいいばってん、なかなかこればっかりは逝きたいちゅうても逝かれもせん。やっぱり体の動くうちは洗濯でん裁縫でんしてみろうごとある。

［おの・ゆすよ　一九〇五（明治三八）年二月一日生まれ］

後藤　アキヨ

坑内には何十年ちて働いてきよったが、「きつい！」とかはいっちょん思わんやった。そん時の時代時代で、そげんして働かな食べられんちゅうことがあるとやろう。昭和の陛下さんは亡くなりになったけんど、ウチはこの山ん中でまだしゃべくりよる。

ウチが生まれたとは明治三十四年の四月二十九日。昭和の陛下さんと同じ日たい。「産婆さんがおまえを産湯に入れちょる時に、号外！号外！ちて、鐘を鳴らしてまわりよったぞ」ち、お母さんがいつも言いよんなった。それが籍は一年遅れて明治三十五年の四月一日になっちょると。「よか日に生まれたと思うちょったら、四月バカの日に入れられて、バカらしかった」ち、ウチは今でも言うとたい。そげなふうで、妹も一年遅れで入っちょる。昔は何人も子どもができて何人も死ぬるき、ようと育つのを見届けてから籍に入れんなったとやろーか？　いい加減なもんたい。

ウチのお父さんのお爺ちゃんちゅうとが、細川さんの御殿医さんやったと。御殿医さんやき田畑がない。そいき、お父さんの兄弟は、そこそこの年になったらみーんな職人に出されちょるとたい。そいでウチのお父さんの清水弥太郎は畳屋さんになったわけたい。お母さんは近くの庄屋さんの娘じゃったと。庄屋さんじゃき、お母さんのお父さんは自分が働かんでいいとやろう？　女郎さん買いばっかしちょったげな。お爺ちゃんがあんまり遊んでばかりおるもんやき、お婆ちゃんはお母さんを連れて里に帰ったんたい。そこで親族が集まって、「酒も飲まん、煙草も吸わん。家柄もいいし、畳屋の棟梁で弟子を六人もつのうちょる弥太郎を養子にもらおう」ちゅうことで、お父さんは古川弥太郎になったわけたい。ところがたい！　その弥太郎がインチキ博打に引っ掛かって財産を全部のうなかしちょるとたい。そいで、どうもこうもなくなって炭鉱に出てきたと。そん頃の人は、炭鉱のことを「イシ山」ち、言いよった。「イシ山に行っちょるき、ろくなもんやないばい」ちて、それこそ「イシ山」ちゅうたら人間のごと扱わん、いよいよボロクソに言われた時代やった。お父さん方は士族の出でもあったし、兄弟たちからはやっぱーそげん言われちょうばい。

遠賀《おんが》の炭鉱にいた時、そこはシツジちゅうて地の底で雨が降るんたい。そいき、お父さんは「仕事がしにくいき暇をくれ」ち、言うたんたい。そしたら、そこの大納屋の棟梁が「こげな道具があるき仕事に身が入らんとたい！」ちて、弥太郎が大切にしていた畳の道具を打ち崩してしもうたと。弥太郎は腹かいてなぁ。昔は「夜逃げ」ち、言わん。「ケツワリ」ち、言いよった。ウチたちはその「ケツワリ」をしてきたんばい。

その日の朝、「この土手を下さへずーっと行けば道があるきな、おまえは婆ちゃんをつんのうて先に行っちょれ」ちて、弥太郎が道を教えてくれよった。ウチは言われたとおり夜中の十二時頃、婆ちゃんの手を引っ張って、お神さんをかろうて行ったんたい。そうして坂の上り口のところで待っちょったら、弥太郎が茶箱の中に着物を入れて、それを葛籠《つづら》んごとしてかろうて来よったよ。お母さんは、忘れもせん。おにぎりをいっぱい入れたショウケに布巾をかぶせて、妹を一人かろうちょった。「あーっ、ここにおったか。まだ先やがぁ」ちて、遠賀の土手道をずーっと歩いて行きよった。あれは確か十一月。明け方近くに雪がパラパラーッと降りよった。そーしてようやく中泉《なかいずみ》に着いたものの、汽車に乗るとに一番汽車がまだ出らん。結局「近くの藤棚に知っちょる人がおるき、ひとまずそこに寄ってからにしよう」ちゅうことになったと。

ウチはそこの藤棚で、下境《しもさかい》小学校の二年生に上がったと。お父さんとお母さんも一先組《ひとさき》んで坑内に下がりよったよ。三井本洞《ほんどう》炭鉱の一坑ちて言いよった。ウチも十六歳になって初めて他人の後向《あとむ》きで坑内に下がったと。あん頃はまだ若いさかりで元気もよかった。みんなとワーワー言いながら働きよったよ。女ごは坑内に下がる時は、絣の着物に日本髪。おしゃれな人は紅をさして襟化粧をしよったよ。そいき、仕事をするごとなったらそげな格好はしておれん。

しまいにはねじり鉢巻きをギリギリまいて、上は裸でパンツの上に手拭を一枚巻くだけたい。男はみんな真っ裸。ある時、若い先《さき》ヤマ連中が安全灯をチンコにひっかけては「オラは二個かかった」「オラは一個もかからん」ちて、やっちょるたい。そしたら三個かけちょる人がおったとばい。チンコにばい！　安全灯をばい！　たまがったぁ！　そん時、ウチは男のチンコを初めて見たばい。そげなふうで本当におもしろかったよ、昔の炭鉱は。

　ウチが二十歳の時、本洞炭鉱が閉山になったき川崎にあった蔵内《くらうち》炭鉱にボッシュウにかかって行ったんたい。ここの炭鉱は函ナグレがようありよった。採炭はなんぼ炭を掘っても、その炭を函に乗せて坑口まで上げな一銭のお金にもならんとばい。その炭を運ぶ函の廻りが悪いとやき相当暇がいるとたい。一番方なら朝の六時の繰込《くりこ》みで、上がってくるとは晩の八時か九時。二番方の時は夕方の五時に下がって朝の七時頃に上がってくる。もうとっくに夜が明けちょったばい。

　蔵内に行った頃からお父さんは酒ばっか飲んで仕事はいっちょんせん。三井本洞炭鉱が閉山になった時の別れ金ももろうちょるし、ウチがいっちょんよこわんで働くとやき、自分は仕事せんでもいいとやろう？　三日三晩寝らんずく飲み続けるとやき。そいでなんぼ家で飲んじょっても、みんなが上がってくる頃になると、ひょうたんのげな大きな二合徳利に酒をいっぱい入れて、炭鉱の風呂の中に入ってジーッと待っちょると。そーしてみんなが来ると、「そら飲め！　ほら飲め！」ち、やるんたい。「おじさん、オラもう飲みきらんばい」ちゅうと、「飲まんか？　なら移すぞ」ちて、風呂の中にドボドボ酒を捨ててしまうとたい。「あーあ、もったいない。そげんするならよばれるばい」ちて、みんなもウチのお父さんには往生しちょるよ。

　お母さんも次から次へと子どもがでけて坑内には下がられん。そいき、ウチが一人で働いて家族を養うてきよったよ。それにしても昔の人は一番下の子が三つになるとでくる、三つになるとでくるで、なんぼでんできよったきなぁ。昔の炭住ちゅうたら、六畳一間で窓は棒でポッと突き上げちょる家ばい。布団ちても今んげな布団はない。煎餅布団にあっちからこっちから足を入れて、それでも九人も十人も子どもがでくるとやからね。お父さんなんあんだけグタグタ酒を飲んで、一体いつ種をたきつけたとやろーか？　やっぱー子どもはお神様のお授けやろーね。

そん頃ウチがあんまりよー働くもんやから同じ納屋の後藤又八に見込まれちょるとたい。昔、大納屋の棟梁さんちゅうたら今の市長さんぐらい権限があったとばい。その棟梁さんが何遍もウチをもらいに来るとたい。そいき、お母さんはその度ごとに「お父さんはあげな酒飲みやし、こうして子は多いい。弟が兵隊に行けば働くもんがおらんとやき、この子が働いてくれなこの家はやっていけん。そいき、こらえておくれ」ちて、ことわりよんなった。そしたら、「弟が兵隊に行ったら帰って来るまで加勢する。ちゃんと書きものもしちょくきよかろう」ちて、棟梁があんまり言いなるき、ウチはとうとう断りきれんで嫁さんになったんたい。おかげで大きな祝言をしてもろーたよ。そいで又八はうちへ来たと。来たところが六畳一間に子どもがいっぱいおりよろう？　二番方の時は明け方上がって来るとやき、そげな時は寝られめいがね。それで酒飲みのお父さんが、百姓の人からワラをもろーてきて畳を二枚作って、周りを囲ってあい中に襖を立てて広げよったよ。昔はそげな家でも仕事から上がってくればもうくたぶれちょるもんやき、周りで子どもがどんだけさわいでもゴンゴンいびきをかいて寝よったよ。

蔵内から古河に坑主が代わったら、すぐにコンベアーができた。もうテボをからうこともない。孔《あな》も機械が刳《く》ってくれる。又八は五十人からいる払いの責任をしよったき、一人三分取りよった。ところが勘定の度に「親分！　親分！」ち、おだてられて、みんなと一緒に飲んでしまうとやき、ウチにはなーんもまわってこん。昔は働いたしこ飲んで食うてチョンやった。魚はフグ料理ばっか。酒は大納屋にありよろう。ドンドン出ようが。ウチが坑内下がって働いたお金で又八と又八のお母さんを養うたと。そうしよって二、三年たってからのことやったろーか、古河ではもう女ごは下がられんようになりよった。それから先は、やっぱーあっちこっち転々として、ウチもまた坑内に下がりよったよ。

ウチはそげなふうで、十六から女ごがいよいよ下がられんごとなるまで、何十年ちて坑内で働いてきよったが、「きつい！」とかはいっちょん思わんやった。そん時の時代時代で、そげんして働かな食べられんちゅうことがあるとやろう。

最近ウチ方の娘が来て「婆ちゃん！　ボケなんなよ、ボケなんなよ！」ち、いつも言うんたい。そいき、このあいだ病院へ行った時「先生、娘がボケなんなよちゅうき、ボケにならん薬をチィート入れちょって」ち、こげ言うたら、「俺方にはそげな薬はなか。人と話をしない。それがボケにならん一番の薬」ち、言われたと。そいき、近所の人がウチ方に遊びに来ると一日仕事ち言うんたい。捕まえたら離さんと。昭和の陛下さんは亡くなりになったけんど、ウチはこの山ん中でまだしゃべくりよる。

［ごとう・あきよ　一九〇二（明治三五）年四月一日生まれ］

品川　アサオ

人間正直で真面目にやれば、いつかどこかで誰かが助けてくれる。私はこの年になるまで、悪い人がこの世におるちゅうことを思うたことがない。それで人生終わっていけばいいとやないと？　字を知らんでほんとよかったかもしれん。

私が昔のことをよう覚えちょったら、そりゃぁーいい手本がでくらぁね。そいけんど、私は学問は知らんし頭はボンクラじゃぁあるしな。昔はその日その日のことで精一杯。先のことまで考えんわな。今は字の世の中やき、私もなんぼか字を知っちょって炭鉱をあっちこっちそうついたことを書き取って演説しよったらいい一代記になるっち、いつも思うんたい。そいき、字を知らんき忘るる。ほんと情けないばい。

私は京都郡《みやこのぐん》の百姓の家で生まれちょる。お母さんは一人娘やったき、隣村からお父さんを養子にもろーちょるとたい。ハナは一緒に百姓をしよったらしいが、お父さんはもともとが行橋《いくはし》あたりで反物屋の番頭をしちょったげなヒナ男たい。百姓仕事なん、ようとしきらん。結局、「百姓せんで炭鉱へ行こかぁ」ちゅうごとなって村を出たらしい。そん時、兄貴が五つで私が四つ。下のこーまい弟はまだ誕生前やった。それから先は旅から旅の旅ガラス。炭鉱の肩入れ金を借って、ありついていくとやき、私たちは我が家ちゅう家もなからな、これっちゅう家財道具もない。だいいち持てんげな荷物があったっちゃぁケツワリができんとやき、持っちょる必要もないと。そげなふうで、私は親からはなーんももろうちょらん。ただ一つ、「貧乏」ちゅう「棒」だけはもろうちょる。私の一代記ちゃぁ、もう話はとどかん。

百姓仕事をしきらんげなお父さんが、炭鉱仕事をしきるわけがない。ハナは夫婦で下がりよったが、お父さんが人並みしきらんき会社がやかましい。お母さんも、お父さんの後向《あとむ》きをしよったんじゃぁどうにもならんと思ったんじゃろう。日役《ひやく》で風道《ふうどう》の門番に下がりよった。坑内には本線坑道の他にもう一つ、風道ちて、通気のいいごと坑内に風を送り込む坑道があるんたい。本線には、この風道から入ってきた風を外さへ逃がさんで、各片盤に舞うごと門があると。お母さんは下のこーまい弟を連れて、坑内で守りをしながらその門の開け閉めをしよったわけたい。

そん時たい。私は一つ上の兄貴と二人で、弟を迎えに本線坑道を何百間ちて下がって行ったんばい。そーして兄貴が弟を背にからい、私はカンテラで兄貴の足元を照らしながら上がって行くんたい。本線坑道やき、十何函ちて繋がれた函が上に下にと行き交うわけたい。「そら、アサちゃん！　函が来よるぞ！　枠と枠との間にはよ引っ付かな！」ちて、たった五つの兄貴が一つの弟を背にかろうて私の守りをしてくれよった。そん時、よう函がどまぐれんじゃった。ようロープが跳ねんじゃった。もしそげんなったら五つや四つの子どもには、とてもやないが逃げとおせん。一打ちであの世たい。

〽七つ八つからカンテラ下げて　坑内下がるも親の罰

ちて、坑内唄がありよるが、その唄のとおり私たち兄弟がはまり込んじょるわけたい。その時のことが私は未だに忘れきらん。

男親がシャンとしちょら女ごも苦労はせん。坑内なん下がらんずく、子守りどんして食べることだけしよればいいとやが、お父さんが喘息《ぜんそく》持ちで、体が弱いばっかりに家族のもんが苦労する。いくら病弱ちゅうても子どもだけは次から次へと生まれてくる。そいき、誰かが働いて稼がにゃぁ一家がやっていけんとやき、上の子どもは学校へ行くことはならん。そん時代の採炭は、親父が先《さき》ヤマをしていても嫁さんが一緒に下がれな、他人後向きを世話してもらわならん。それも都合ようおればいいとやが、おらなその日はなぐれで稼ぎにならん。そいき、親父はたとえ十二、三歳の娘であっても、自分の子どもを連れて坑内に下がりよったよ。

そん頃たい。近くの小ヤマで遊んじょらぁ、私よりこーまい子どもがテボに炭をいっぱい入れて坑内から上がって来る。お風呂に行けば、五体を炭で真っ黒うしたその子が入りに来る。それを十一になる子どもが見よって思うわけたい。

「母ちゃーん」

「何かい？」

「ウチも坑内下がりたーい」

「なん言うとアサちゃん。坑内とかなんとか言いなさんな。坑内ちゅうとこはいいとこやないばい」ち、お母さんは言うたよ。坑内に行きつけちょるき、よう知っちょるわけたい。親はいくら貧乏しよっても、まだ年端もいかん娘を坑内やらへ下げる頭はないわけたい。ところが次の日お風呂に行けば、またそのテボをかろーた子どもにいきあたる。「あげな子どもでもしちょるとやき、自分も坑内に下がって働きたい」ちゅう気持ちがまた出てくるわけたい。それからちゅうもんは毎晩のごと親に言うちょったら、とうとうお父さんが繰込《くりこ》みさんのところまで行って聞いてくれよった。繰込みさんは「なんぼになるかね？」ち、聞きよるけんど、アンタ！　まだ、まるっと十二にもなっとりゃぁせん。それでも「あー、お宅のお子さんなら体も大きいき志願も通りますばい」ち、言うてくれた。炭鉱は数えで十五歳にならな志願はでけんやったが、体が大きいちゅうことで通ったと。添田《そえだ》にあった峰地《みねじ》分坑ち言いよった。そりゃぁー大きな炭鉱じゃった。


ハナはお父さんが私の先ヤマをしてくれよった。お父さんは掘った炭を、エブで私のテボの中に入れてくれる。私は、それをかろうて函の中に移し込むんたい。ところが子どものすることやき、テボをなかなかかやしきらん。そのまま炭と一緒に体ごと函の中に連れ込まれよった。そーして、逆さまのまま足だけバタバタ函の上に出しちょるわけたい。家に帰って、「母ちゃん！　今日も函の中に連れ込まれてから、足がワイワイしたんばい」ち、言うたら、「アサちゃん。函の縁にテボを乗せたら、テボの頭を抱えてかやしない」ちて、教えてくれよった。

お父さんは喘息持ちで、仕事に行ったり行かなんだりする。私はしばらくしてから他人の後向きに行くごとなった。私のついた先ヤマさんにも私と同じ年の娘さんがおりよったが、坑内には下がらんで学校に行きよった。親父さんが元気で腕もよけりゃぁ、他人後向きを連れてっちゃぁ生活がでくるわけたい。そいき、その先ヤマさんはそりゃぁ私のことを大切にしてくれよった。

坑内では勢いのある後向きは、函がまだ下がりきらんうちからサーッとピンを抜いて自分の函を持って行きよる。私はまだ子どもやき、そげな芸当でくるわけがない。泣く泣くやっとの思いで取った函を押しよれば、年増の大きいとが横から取ろうとする。そげな時も、「オバサン、なんするとか？　子どもが取った函を横取りするっちゅうことがあるもんか！　こまいと思うて馬鹿にしなんなや！」ちて、加勢してくれよった。年端もいかん子どもを使うてくれて、加勢までしてくれるとやき、子ども心にもありがたいと思うてから、私も一生懸命働きよった。

そげなふうで、十二の子どもがばい、坑口から一時間の上も歩かな行きつかん卸《おろし》のどん底でばい、火がチョボーンとついちょるカンテラを頼りに仕事をするとやき、昔の坑内の話はそげな目に遭《お》うたものでなからな口で言うたっちゃぁわからん。仕事をしたもん同士なら話も合うけんど、そげな人はもう死んでおらんき、話のネタにもならん。それにもう聞くもんもおらんきね、昔の話はめったにせんよ。

昔の炭鉱の人たちは、みんな貧乏しよったが、私はフがいいことに財布が空になったことがない。人に銭を貸しても借ったことがないと。むこうから「貸してくれ」ち、言われんでも、私の方から貸してやりよった。そげなふうに、人を助けたおかげで自分もこの年まで難儀せんとやないんかい？　それで体も健康になっていくんやないとかい？　私はいつもそう思うちょるよ。人様のおかげ、ちてね。人にはようしとかな！　この頃では金があっても貸さん人が多いいよ。「あん人は金を持っちょるき」ちて、当てにして行ったたっちゃぁはずるるよ。金を持たん貧乏人の方がかえってお互い助け合う。難儀しよるもんをみかけたら、金を持っちょる人が貸してやるちゅうとが本当の人間の世渡りやないかね？

昔、私の家の前に家移りしてきた人がありよった。そん時、炭鉱からなんぼ借ってきたかは知らんけど、二、三日してから私がたへ来よったよ。

「すいませんけど、三十円貸してくれ」ちてね。ところがフの悪いことに財布を振るうてみたものの四十円しかなかったわけたい。私もこれから晩のおかずを買わなならん。「二十円でいいなら持ってきない」ちゅうたら「あー、それでようございます」ちて、喜びんなった。そいで、晩のおかずと焼酎を一合がとこ買うたんやろう。ご飯時に「お父さん、今日は前の奥さんが『二十円でいいなら持ってきない』ちて、財布を振るうて貸してくれたんばい」ち、婿さんに言うたげな。そしたら、「俺も相当炭鉱をそうついたが、やっぱー世の中、鬼はおらん。仏もおるばい」ちて、夫婦そろって涙を流してご飯を食べたっち、後から言うてくれた。そいで、「そげん慌てて返さんでもいいばい」ちゅうても、勘定を受けたら米やら味噌やらと一緒にすぐ返しに来る。炭鉱に働く人はみなそげなふうでから、ほんと愛は身を助くるじゃぁ。

人間この年まで生きてきちょらー一代のうちにはいろんなことがあらーね。添田にいる時は米騒動にも遭うちょるんばい。小倉から兵隊さんが来てバンバンバンバン鉄砲を打ちよった。後から外に出てみれば、炭鉱の事務所やら売店やらはどこもここもチャガンチャガン。そげなことも見てきよったが、やっぱー今思うても、四つの時に、五つの兄貴と弟を迎えに坑内に下がった時のことだけは忘れられん。お母さんは風道の門番をしながら、合間合間に草鞋《わらじ》を作って売りよった。一束のワラをお百姓からわけてもろーて、家には三つ鍬がないき、お母さんはそれを手でしごくとばい。そーして、そのワラを打ってばい、ゴザに包んで坑内に持って下がると。そん頃、草鞋が一足二銭たい。お母さんは坑内で一日五足売って、十銭もって上がるんたい。そいで、米をなんぼか買うて帰りよった。母親の苦労は今でも目の先にぶら下がっちょるよ。死なな忘れきらんばい。

これで字を知っちょって頭がよければ大ごとたい。器量もよくて、口もポンポンきければ、どげなところでも飛込んでいけるけんどなぁ……そいき、これでいいとやないと？　そげなふうで、社会のことはなんも知らんき今日までやってこれたんやないんかい？　そげな人間はそげな人間同士助け合う。なんでんかんでん、正直で真面目にやれば、いつかどこかで誰かが助けてくれる。あの人があん時あーしてくれた、こーしてくれたちゅうことは自分だけがようわかる。そいき、私はこの年になるまで、悪い人がこの世におるちゅうことを思うたことがない。それで人生終わっていけばいいとやないと？　字を知らんでほんとよかったかもしれん。

［しながわ・あさお　一九〇三（明治三六）年九月一八日生まれ］

岩本　シゲノ

坑内はそりゃーおもしれーよ。
昔は男も女ごもみーんな裸、スッポンポン。そいでシモの話ばっかしよるきなぁ。
もう笑うげなことばっかしたい。あんまり笑いすぎてこげんシワが増えてしもーたんたい。

今のもんなぁー、ほんなこつ……結構なもんばい。ウチたちの時代は、食うつ食われつの境にありゃー、やっぱー親は七つ八つの子どもでも坑内に連れて下げよんなったよ。家はなんかなしにガラガラと、九人も子どもがおったとやき。お母さんなん腹が太うなるたんびに、ウチを連れて坑内に行きなるわけたい。お母さん一人なら函が一函しかもらわれん。ウチが行けば二函もらわるる。そげんして、ほんなこつ……ウチは八つの時からカンテラ下げて函取りに下がりよったよ。

そいき、いくら函取りちゅうても、お父っつぁんが掘っちょんなるのをだまって見ちょるちゅうわけにはいくめい？　まだ子どもやき、スラなん曳ききらんでも、エビジョウケで炭をはねて函ん中にすくい込むんたい。そーして捲立《まきたて》までその函を押していかないかんとやき。「ホーッ、函が一人で動きよる」ちて、みんな笑いよった。ウチは函よりまーだこまいとやき。そげなふうで、ウチは子どもの時から坑内に下がっちょるとやき、今だって力が強いよ。

坑内は「えずい！」ちて、人は言いなるばってん、ウチはえずいこともなーんもなかった。まだ八つぐらいで下がっちょる子どもなん、ウチぐらいなもんやったき、「もうほんなこつ、可哀想」ちて、オバサンたちがようしてやんなったよ。坑内は真っ暗やき、炭がでけちょらん時は坑木を並べて引っ繰り返っちょけばいいとたい。そいでウチは学校で習うた歌ばっか歌いよったよ。ウチは今でん歌うんばい。そいき、一杯飲まな歌われん。

ウチが生まれたとは鯰田《なまずた》たい。お父さんなん秋月《あきづき》の町ん人で、「麦の飯は食うたことがねぇ」ち、言いよんなったた。そいき、ご飯に麦が入っちょる時は麦だけ外へ出しよるわけたい。お母さんなん四国の百姓の人やき、麦が入っちょろうが、どげしようが食べなさる。その二人が炭鉱へ出てきて「出会い夫婦」になっとらすもん、鯰田の三坑でウチができちょるわけたい。

ウチはここで学校に上がったばってん、お父さんなん、あっちこっちとヤマを変わんなる。そいき、学校も新参もんになるやろー？　子ども心にも行きとうないわけたい。そしたら「モリするがいいか？　坑内下がるがいいか？」ちゅうき、「坑内下がるがいい」ちて、それがウチが八つの時たい。飯塚にある中島坑ちていいよった。そげなわけで、ウチは二年生までしか学校に行っちょらん。

ここへ来たとが大正十一年。そん頃の忠隈《ただくま》五坑ちゅうたら、まだ走り込みちゅうて、卸《おろし》の底に下がってもまだ上ん明かりが見ゆるぐらい浅いわけたい。ウチはここで十五になった時、志願して坑内に下がったと。

スラちて、あんたたちは知んなるめい？　スキーがござろう？　あれが石炭函みたいとの底についちょるわけたい。そいで屋根の上んげなところに――屋根の上ちゅうたっちゃぁ地の底ばい――コロちゅうて、ハシゴ段が打ち付けてあると。そのコロの上を石炭がいっぱい入ったスラを頭で受けて、安全灯は口にくわえて後ずさりしながら下がっていくんたい。足をすべらしたらスラが走って終わりたい。そいき、すべらせんごと足を突っ張って、いっちょんいっちょん下がらななられ。

そーやってスラを曳いていくと下にはスラ棚がある。そこでスラをかやして炭を函ん中に入れるんたい。そーして函が一杯になったら、今度はその函を捲立まで三百間もの道中を押していかなならん。時にゃぁ二函一緒に押していかななならんこともある。ちょっとでもノソノソしよったら「遅いぞーっ！」ちて、後ろからおったくられるとばい。女ごでも坑内下がる時はケンカ腰たい。

坑内で函待ちをしよる時は、捲立にみんな集まって、なんやらかんやら大騒ぎたい。そりゃーおもしれーよ、坑内は。とにかくシモの話がはずむとやき。男はもうヘコもなんもせん。みんなフリ出しばい。娘たちはズロースだけは履いちょったばってん、オバサンたちなん、なんもはいちょらん。下から見ればまるっきり見えるとやき。

そげなふうで昔はみーんな裸。スッポンポン！　そいでシモの話ばっかしよるきなぁ。やっぱー坑内下がっちょる時はおもしろかったよ。笑うげなことばっかしたい。あんまりよう笑ったき、こげんシワが増えてしもーたと。


結婚したとは二十一歳の時。ウチは豆腐一丁に酒一升で嫁さんになったんばい。この年になるまで花嫁姿は、いっちょんしちょらん。オヤジは独身で炭鉱に出てきちょるとやき、結納もなんもなかろーがぁ。そいき、ウチは跡間《あとけん》つきの女房になっちょるわけたい。ウチが嫁女になる時に、「カニが手足をむしられるよりまだきつい！」ちて、お父さんは言いよんなったよ。カニが手足をもがれたら這うに這われめいもん。なっ！　それと同じこったい。可哀想にあるばってんがしょうがない。そいき、ウチが働いたお金は全部お父さんにやりよった。

オヤジは棹取《さおど》りで函の乗り回しをするもんやき、粋《いき》なかろーが。なっ！　そいで顔立ちがいいもんやき女ごが好くたい。ほんなこつ……どこでんここでん女ごを引っ張り込んでから、心やすうなるわけたい。ウチもアンタ！　娘ん時代はポチャポチャッとしちょったよ。今でこそ、こげんオッペー婆さんのごとしちょるばってん、やっぱー若い時はヘクソカズラも花盛りたい。昔はそこの坑木場《こうぼくば》から先、飯塚にかけてはずらり料理屋ばっかりやったと。オヤジはウチの知らんごと、どのくらいいっちょるかわからん。そいで酒を飲むばい、博打を打つばい、男の三道楽たい。

オヤジは仕事はするばってん、遊び事も休む間がないと。ウチの着物はいつの間にやら質屋にいっちょる。もう、ほんなこつ……それを見たらウチはがっかりしてしもーて、取っ組み合いのケンカをするんたい。ウチは今でん入れ歯やないとばい。そいき、ケンカをする時はいつもこの歯で食いつくと。そいで食いついたら最後、絶対に離さん。子どもの頃からケンカの時はいつもそげんしてきたと。坑内に下がりよるき力もある。オヤジも往生しちょるよ。

オヤジは一度、棹取り納屋で博打を打ちよって警察に捕まったことがあったんたい。住友さんは大ヤマやき、博打を打って捕まったら即クビになるんたい。そのまますーっと住友さんにおってんない。ほんなこつ……ウチたちなん、年金やらもばっさり貰えるとやが……。

そいき、もうしょうがない。函ヤマから今度は押し出しヤマたい。押し出しヤマちゃぁ捲もなーんもない、直接坑口まで炭を出さなならん小ヤマたい。鞍手《くらて》郡の室木《むろき》ちゅうとこやった。ところがオヤジはそこへ行っても威張りちらかして博打はやめん。そいき、もうつまらん。ウチの方から出て来たと。

ウチには腹違いの妹がおりよったが、妹はそりゃー器量がようして芸者になって外国さへ行ったんたい。ウチも器量がよけりゃー売られてしもーて、お母さんなん喜びよんなったやろーが、ウチんげな器量の悪いもんは売るちゅうことがでけん。お母さんと一緒に坑内下がらなならんわけたい。

そいき、ほんによかったーっ。こげんして写真を撮ってもろーて。これも貧乏して坑内に下がったおかげたい。冥土の土産もできたき、お母さんに感謝せな。長生きすりゃーほんにいいことの一つもあるもんばい。もう難儀してきたきなぁー、人が優しゅうしてくれるとが嬉しいとたい。

［いわもと・しげの　一九〇八（明治四一）年一一月四日生まれ］

花崎　キヌヨ

ウチは主人を亡くしてから五十年近く、ずーっと後家を通してきよったよ。後家でいたからこそ、多少なりとも金が残る。男を持ったっちゃぁどげすると？　男は飲む・打つ・買うの三道楽で、なんぼ女ごが働いたっちゃぁ金は残らん。

ホーッ！　ウチはこげん肥えちょると？　ホーッ！　そげん笑うちょらんつもりじゃったが、チィート笑い過ぎたばい。こりゃーよう写っちょる！

ウチは明治四十三年九月十日生まれ。これだけは空《そら》で覚えちょかな。この頃は何でん忘れるよ。耳は遠なる、目は悪うなるで、おまけにアンタ！　足も悪うなって、そいで失対の仕事をやめたと。そうでなからなまだまだ働いちょるよ。昔の失対は本人が希望すればなんぼでん働けよったきなぁ。今では年齢制限ができたとやろー？　いつからそげんなったか……？　確かテレビがそう話しちょりましたきなぁ。足は仕事をやめてなお悪うなった。今では、アンタ！　部屋の中でん四つん這いになって這《ほ》うちょるぐらいで、立って歩くちゅうことがでけん。朝お便所へ行ったら、ついでに顔を洗って戻ってくると。そいで部屋の中で一日中ジーッと座っちょる。いよいよ買い物に行くんでもタクシーですたい。タクシーに乗ってマーケットに行きゃぁ、なんでんかんでんあるでっしょうが。一万円ばっかまとめて買い物をして、またタクシーで帰ってくる。そいき、道々人と会って話をするちゅうことがないですき、テレビだけが楽しみですたい。テレビがあって初めて社会がわかる。そうでなからなウチんげな体のもんに社会はわからん。

ウチが子どもの時は、そりゃー貧乏なもんやった。お父さんと一緒にあっちの炭鉱こっちの炭鉱ちて、やっぱーぐるぐる歩いちょります。昔の炭住には格子戸があっちょりましたきなぁー。お父さんはそれを外して上半分をポンと吊り上げ、下半分はトンと降ろして足をつけて縁側にしちょりました。ウチはいつもそこでコロンと寝ちょったとです。そしたらお父さんが言いよった。

「ほんにおまえは大ごとするぞ。そげなところにこけ落ちて、いびきをかいてまだ寝ちょる」ちてね。

「ほんとね？　お父さん！」

「ほんとくさ。嘘を言うてどげなるな？」

ウチはお父さんが作ってくれた縁側から地面に落て込んでも、ゴンゴンいびきをかいてまだ寝ちょったげな。ウチの子どもの頃ちゃぁ、そげんノンキ坊主やったと。

お父さんは車道大工の請負でから、五十人もの人を使いよったよ。坑内の天井は荷がかかりますき、だんだん下さに下がるでっしょうが。下がった天井を上さへあげるちゅうことはできませんき、下の車道をどんどん下げていかなならんとです。お父さんはそげな仕事をしよりましたたい。勘定の日になると「今日は勘定日やき来ておくれーっ！」ちて、ウチは社宅中おらんで歩かなならんやった。そうすると家の前にはズラーッと人が並びよる。会社からたいそうなお金を受けてきて「あんたは一日なんぼで、何方働いちょるけん、なんぼ」ちて、一人ずつ計算してやりよった。そん時は大峰にいる頃で、坑主は誰やったかなぁー？　蔵内さんやったかなぁー？　古河さんやったかなぁー？　もう覚えんなぁー。昔はそげなことを考えて働いちょりませんでしたきね。たしか一坑、二坑ちてありよったよ。ウチはそこで初めて坑内に下がったと。今でいうたら十二歳ぐらいの時やないと？　炭鉱は十五歳にならな志願ができんやったが、ウチは子どもの頃からこげん体格がよかったもんやき、嘘をいうて下がりよった。ここにはだいぶ長う下がっちょるよ。

初めての坑内は恐ろしいとか、そげんことは考えん。ただウチは夜中の一時下がりをしよったき、上がる時はだーれもおらん。一人で上がらなならんき、いくら人道《じんどう》ちゅうても恐ろしい。真っ暗な中を一人で歩くちゃぁなぁ、どげなものが出てくるかわからんき恐ろしかろー？　そいき、本当は乗っちゃぁならんけんど、ウチはいつも函に乗って上がりよったよ。

坑内には捲方《まきかた》さんと棹取《さおど》りさんとの間で連絡しあう合図の鐘があるんですたい。その鐘を一回引くと函は止まるんたい。「巻け！」ちゅう時は二回たい。そいで三回の時は「そろそろ巻け」か……？　「そろそろ降ろせ」か……？確かそげなふうなきまりになっちょったよ。ウチは顔のわからんごと頬被りをして、安全灯の火を消すと。弁当なかはケツにきびっちょく。そーして、その鐘を一回引いて、だまって待っちょくんたい。そいで函が止まればサッと乗る。「どげしたかーっ？」ちて、棹取りはびっくりして言うよ。そいき、だーれも返事はせん。函はそのままスーッと上がっていきよる。

ウチはそげんして函には乗るものの坑口に近づいてもなかなか降りきらんとたい。それを見よった捲方さんは函を止めよんなる。「なし止めたか？」ちて、棹取りは怒るよ。「危ないやないかーっ、女ごが一人乗っちょるぞーっ！」ちて、こんどは捲方さんが言い返す。ウチは棹取りさんから怒らるる、怒らるる。それも「なし乗ったか？」やないとばい。「なし降りんやったか？」ちてね。昔の坑内は、函の事故ちゃぁ落盤に次いで多かったんやないと？　ウチの先《さき》ヤマのおいちゃんも函の下になって死んじょりますたい。

あれは確か……函が上から降りてきたき、みんなで枠の方へよけて函が通り過ぎるとを待っちょった時ですたい。そのおいちゃんが拳ぐれいの石ころを、どげしたわけか足で転がしたとです。そしたらその石ころがフの悪いことに、ちょうど来よった函の下に入り込んで、十何函ちゅう函が輪になってどまぐれてしもーたとです。そん時、函の一つがおいちゃんのシリをピーンと突き上げたと思うたら、おいちゃんは函と一緒にゴロゴロゴロゴロと転がり落ててしもーたと。

「ケガ人はなかったかーっ？　なかったかーっ？」ちて、上の方でお父さんがおらびよる。「おいちゃんが下んなったーっ！　函ん下になったーっ！」ちて、ウチは言うたよ。「どこかーっ？　どこかーっ？」ち、お父さんは言うけんど、こげな大きな本線坑道が函でいっぱいになってしもーたとやき、どこにいるかいっちょんわからん。函を一つ一つかやしてはそろーっと巻いて、やっとのことでおいちゃんを引きずり出したんですたい。そーして函に乗せて上げよったが、「その途中で息が切れた」ち、お父さんが言いよりました。

そのおいちゃんは福田さんちゅう名前やった。

「福田ーっ！　ここは何片《なんかた》ぞーっ！　ここから帰りよるとぞーっ！　おまえの家に帰りよるとぞーっ！」ちて、坑内に福田さんの魂が残ったらいけんき一生懸命おらんで帰った」ち、お父さんは涙を流して話してくれよりました。


ウチは主人を亡くしてもう五十年近くになりゃぁせんかね？　その間ずーっと後家を通してきよったよ。後家で通ってきたからこそ多少なりとも今、金が残っているんですたい。男を持ったっちゃぁどげすると？　男は飲む・打つ・買うの三道楽で、なんぼ女ごが働いたっちゃぁ金は残らん。女ごが下がられんごとなってからこっち、ウチは失対だけでも四十年間は働いてきちょるとですよ。

そげなふうで、ウチもこれまで随分苦労して働いてきよったが、それでも色々なことを学ばせてもらいましたばい。今はみなさんから「おかげ」をいただいて暮らしちょります。年金ももろーちょりますき結構なことですたい。

もうこのあたりも、昔のもんはおらんごとなったなぁー。最近チィート顔を見らんき、「どげしたとやろーか？」ち、思いよったら、「あん人は亡くなりなったばい」ち、言いよんなる。だいたいウチがもう八十を越えちょるとやき、昔坑内に下がった女ごがこの世におるはずがないやないね。みんな百五十歳まで生きちょらなぁー、今でんみんなと昔の話をするとやが……。

［はなさき・きぬよ　一九一〇（明治四三）年九月一〇日生まれ］

菊地　ウル

愛媛の百姓出じゃき、坑内はとにかく恐ろしいとで腹一杯たい。そげん肝の細いもんに坑内で死んだ人の霊が取り憑《つ》くらしい。私は二回ありますたい。体はグツグツ震えるばっかしで、ご飯もなかなか食べきらん。昔の人は苦労しちょるよ。

　愛媛の百姓出じゃき、坑内はとにかく恐ろしいとで腹一杯たい。安全灯ちて、ありまっしょう？　その小さな明かりが「なんかの拍子にヒョッと消えたら、どげなるやろうか？」ち、そう思うたら、思うただけでもう恐ろしい。「今日は何片《なんかた》の人が死んでから、坑口にズラリと死体が並んじょるげな」ち、聞きよっても、一遍も見に行ったことがない。慣れた人は女ごでも、上がる時は函に飛び乗りよったが、私は函にも乗って行ききらん。「ホーッ、ウルさんは今日も一人でトボトボ歩きよる」ち、いつも言われるぐらいやった。

　そげん肝の細いもんに坑内で死んだ人の霊が取り憑くらしい。私は二回ありますたい。カゴズラちて、竹で編んだスラでひーくいとこを曳いてる時のことやった。炭を函に移して、「ヤレヤレ、やっと終わった。きつかったーっ！」ち、思うて坑木の上に腰掛けて、ちょっとウトウトしたらもう取り憑いちょんなる。坑内で死んで迷った霊は、人に憑いては上へあがるとたい。一日坑内で働けば体はクタクタに疲れちょりますき、坑口までの帰り途はやっぱー足は重いですたい。ところが死んだ人の霊は早く上がりたいもんやき、取り憑かれた時はサッサ、サッサかーるいですたい。「ホーッ、ウルさん。そげん慌ててどげしたと？」ちて、みんなはびっくりして言いよった。そーして家に帰ってコトッと腰掛けたら、後はもうわからん。体はグツグツ震えるばっかしで、ご飯もなかなか食べきらん。それでも拝む人に拝んでもろーて体を叩いてもろーたら、ポツンと落ちてしまうとたい。一遍はお大師さんに、一遍は金光《こんこう》さんに落としてもろーた。それから先はなーんもないと。二、三日休んで四日目ぐらいにまた下がる。後で聞いてみると、取り憑かれた場所でやっぱり人が亡くなっちょると。坑内で人が死ぬと「ここは何片ぞーっ！　ここは何片ぞーっ！もうすぐ坑口ぞーっ！」ちて、おらんで死体を上ぐるとは死んだ人の霊を坑内に残しちゃならんからたい。そーしてみんなに「こげなふうじゃった」ち、話をすると、「ウルさん、あんたは肝が細いきたい。激しい人には憑ききらんとばい、シャンとせんき！」ち、みんなが言いよる。そいき、シャンとはせん。百姓仕事をしつけて、こげな真っ暗な地の底に入ったもんやき、坑内はいよいよ恐ろしいと。笹部屋《ささべや》までマイトを取りに行くんでも私は一人じゃぁ行ききらん。昔の人は苦労しちょるよ。

愛媛から出てきたとは私が十九歳の時じゃった。姉さんが添田《そえだ》で炭鉱をしちょったが、チフスにかかって、その看病に来よったとです。そん頃、このへんはチフスが大層流行って「昨日は何人、今日は何人」ち、げなふうで、そうめん箱を重ねたごとく棺桶が並んじょりました。ちょうどそん年は添田の米騒動の明けん年で、炭鉱の共同便所で用を足した時に、ふと下を見よったら缶詰やらビンやらが投げ込んじゃる。私は姉さんに「なしかね？　便所の中にいろんな物が落ちちょるが……」ち、聞きよった。なんでも一升のお米が五十銭に値上がりして暴動が起きたげな。今じゃぁ「スーパー」ち、言いよるが昔は「売店」ち、言いよった。その売店を襲って品物をもう取りたいしこ取ってしもーて、どこやらここやらに投げ込んでしもーたらしい。小倉から軍隊が来てボタ山から鉄砲を撃って何人か殺されたちゅう話ですたい。それが添田の米騒動で、その明けん年に来ちょるとです。

私は姉さんの看病が終わったら愛媛に帰るつもりやったが、「近くに姉妹がおらな一人じゃ寂しい。たばこも吸わんお酒も飲まん菊地さんのところへお嫁に行って、私の近くにおっちょくれ」ち、姉さんから言われ、勧められるままに菊地さんと一緒になったんたい。最初は坑内なん下がるげな頭は全くなかっとやが、結婚して一カ月もたった頃、炭鉱の請負師をしちょりました菊地の兄さんに「炭鉱は坑内に下がらな金にならん。夫婦で下がらな！」ち、言われて下がることになってしもーたとです。小姑さんからそげん言われれば、もう嫁としてはそうせなしょうがないたい。

一度、愛媛から弟が出てきたことがありよった。弟は坑内から上がったばかりの私の姿を見るなり、「姉さんはあげな格好してから、真っ黒になって坑内に下がって、どげしてこげなところへ嫁さんに行ったとやろーか?」ち、男泣きに泣きよった。そん時にゃぁチフスを患うた姉さんは死んでおらんやったが、長男坊主が腹に入っちょりましたき、もう愛媛に帰ることもできん。

子どもができてからは、一日五十銭で二人の子どもを預けて坑内に下がりよった。大ヤマは小ヤマと違うていったん坑内に下がれば時間が来るまで上がることができん。そいき、乳が張りまっしょうがぁ。このさき出らんごとなったら大ごとやき「どうもすいません」ちて、お願いしてから乳を真っ黒な炭の上に絞りかけてはトボトボ上がっていくと。そーして坑口の明かりがまーるく見えたら「子どもはどげしちょるやろーか? ひもじい思いをしちょらんやろーか?」ち、そう思うて、もう一刻も早く子どもの顔が見たいばっかりにトットトット、飛んで上がりよったよ。乳は汗と粉炭で真っ黒う汚れちょる。それを手拭でちょっとふいて口に含ませれば、子どもは待ちかねたごとくハッハッハッちて、それこそ息もしきらんごと飲んじょりました。そんな時、「あー、今日もケガをせんで無事上がってこれてよかったーっ」ち、つくづく思うんですたい。

今、一緒にいる息子は私が坑内に下がっちょった時のことはなんも知らん。そいき、私がジクジクその頃の話をすると「昔はバカ!」ち、言いよる。「バカやきそげな目に遭《お》うちょると。昔のことなん今ごろ言いなんな!」ち、怒りよるけんど、言わなわからん。「あんたたちを太らかすためには、こげなふうにしてこな食べられん時代じゃった。バカじゃぁないばい」ち、言うんですたい。

子どもが太りあがってからも微粉上げにでるわ、洗い炭にでるわ、土方にでるわで、七十五歳まで働くしこ働いてきよりましたき、そのおかげで今はご隠居さんをさせてもろうちょります。所帯はなーんもせん。お金も息子がくれて不自由はせん。自分の部屋にテレビを据えて、いびきをかいてゴンゴン寝ちょる。呑気すぎて昔の苦労を忘るる。私は今が一番嬉しいと。

［きくち・うる　一九〇〇（明治三三）年九月一一日生まれ］

表彰状
折田ユキコ
右ノ者婦人ナルニモ拘ラズ先山トシ
テ採炭ニ従事シ頭部ニ負傷
ヲ為シ係員ノ昇坑ヲ薦メタル
モ現場ヲ離レズ業務終了後
始メテ昇坑醫師ノ手當ヲ受ケ
翌日モ平常通リ入坑採炭ニ
従事シテ半島礦員ヲ感憤サセ
十一月増炭期間中ノ割當
出炭ヲ突破スルノ因ヲ為シタルハ實
ニ他ノ礦員ノ模範トスルニ足レ
依而茲ニ表彰ス
昭和十九年十二月八日
眞岡産業報國會
會長 岡崎林平

滝本　ユキコ

沢庵しか入っちょらん弁当箱を見ては、「今日も割れ木が入っちょる」ちて、六十歳を過ぎてから日本に連れてこられた朝鮮の爺ちゃんの姿を思い出すと、今でも涙が出るんたい。

今ん人に昔の坑内の話をしたっちゃぁ想像もつかんとたい。私は「男！」ち、言われよったんよ。女ちて、言われんやったんやき。「あんた、女ごでほんとにマイトやらをかけてきたんか？」ちて、人が言いよるけんど、ほんとにしてきたんやき。「ユキちゃん、あんたキンタマぶらさげて生まれてきたらよかったねぇー」ち、みんな言いよったよ。

ひとつ足を踏み外したら、それこそ真っ逆さまに落つるげな、そげん傾斜のあるところでスラを曳きよったよ。急ち、もう上から振り返って下を見よれば底が見えるぐらいやき！　それがまた距離が長いとたい。四つん這いになってコロにひとつひとつ摑まっては、青空のある坑口まで上がりよった。今考えても、あれはやっぱりきつかった。

傾斜はないでも天井が座れんような高さのところもありよった。スラも入らんげな、ひーくいとこたい。そんなところはエブと掻き板でスラが曳けるとこまで炭を跳ね出しちょくんたい。先《さき》ヤマさんなん、それこそフンドシ一丁で寝て掘らな掘られんと。それでもこれで生活していくんやがぁ。「こんぐらいやらな家族が食べていけん！」ち、思うたら絶対に帰られん。もう無茶苦茶な仕事たい。

風呂も共同風呂やがぁ。女風呂は八時か九時までしかやっちょらん。二番方、三番方で下がる時はその時間には間にあわんき、もう混浴たい。そりゃぁー前は隠すけど乳は出したなり。もう、アンタ！　乳が出よったっちゃぁ、どげしよったっちゃぁ恥ずかしいとか思うちょったら仕事はされん！　第一体中真っ黒で、目だけがギョロギョロするぐらいで男か女かもわからんたい。

今の高校生にセックスの問題がありよるけんど、私たちの時代は男とか女とか、恥ずかしいとか恥ずかしくないとかという感情は全くないと。私の下に弟や妹が六人もおるんばい。それを計算しよったら、とにかく生活がかかっちょるとやき、そげんことは言うちゃぁおれん。

今は生理用品でもいいのがあるがぁ。孫に「まぁ、アンタ！　生理の時に風呂に入ると？」ち、聞いたら、「タンポンして入るきいいばい」ち、言いよる。タンポンちて、ちゃんと売りよるわけたい。私たちの時代はそげなんはないわけたい。綿花で自分で作っては、ネルのお腰の古いとで、股ベコちてフンドシのごとはさげて使いよったよ。若い時やきどんどん勢いで出るがぁ。古洞《ふるとう》へ行ってはこっそり換えて、それも洗ってまた使うとたい。

昔の炭鉱は「赤不浄」ちて、「生理の女ごが入坑したら坑内が汚れて縁起が悪い」ちて、嫌われたもんやけど、炭鉱も増産増産の時代やがぁ。そげんことは言うちゃぁおられん。こっちも生活がかかっちょるとやき生理ごときで休まれん。私たちはそういう時代を味わってきたんやき。それも明治や大正の話やないと。昭和の戦争時代の話たい。

少し年がいって十五、六歳になった時、この表彰状をもらった真岡《まおか》炭鉱に入ったんたい。真岡では払いの先ヤマをやりよった。女ごで先ヤマをやりよったのは、この炭鉱では私一人やった。人より二時間ぐらい早出して、オーガで孔《あな》を刳《く》ってマイトをつめては発破して、石炭を掘ってきよったよ。払いでは女ごは普通九分やったが、私は一人三分もらいよった。

そん時たい。朝鮮の人たちと一緒に孔刳りをしよった時に、金山さんちゅう人がようトラジ*を口笛で吹いては聞かせてくれよった。私はその金山さんから「こういうふうに歌うんばい」ちて、「九段の母」を朝鮮語で習うたんよ。本当の朝鮮語になっちょるかどうかはわからんけど、そのことが今でも私の頭から離れんと。

私は解放運動をしながら今でも思うんよ。日本人は朝鮮の人を差別してきよったねぇーち。私はそれが嫌で嫌でたまらんやった。朝鮮の人たちが病気で休んだりすると、本当に具合が悪いでも虐待して強制入坑させよったよ。労務の事務所で叩いて叩いて、意識がなくなったら水をかけてはまた叩く。戦争中はそりゃー私たち日本人も強制入坑させられよったけど、叩かれたりはせんやった。

そん時、強制連行されてきた六十過ぎのお爺ちゃんがおりよった。私が十なんぼの時やから、そのお爺ちゃんはもう亡くなってるとは思うけど、今思うてもそのお爺ちゃんが一番可哀想やった。弁当箱を見ては、「今日も割れ木が入っちょる」ちゅうわけたい。割れ木ちゃぁ沢庵のことたい。朝鮮の人たちの弁当のおかずちゃぁそんだけ。私たちは、なんぼ貧乏しよったっちゃぁ親がいろいろ作ってくれるがぁ。大豆を煮たのとかをあげたりすると、「ユキチャン！　イツモドウモアリガトウ！」ちて、片言の日本語で喜んでくれた、その朝鮮の爺ちゃんの姿を思い出すと、今でも涙が出るんたい。

この間、姪に昔の炭鉱の話をしよったら「まぁー婆ちゃん、苦労してきちょるねぇ！」ち、言いよった。そいき、「若い時代に苦労して親孝行してきたから今は幸せよ」ち、言うんですたい。今の人はもう贅沢三昧。「あの人が、あーしちょるき、ウチもこーしたい」ち、げなふうで、上ばかり見て甘い考えで生活しよるがぁ。日本は今平和のようにあるけんど、今の若い人たちが私たちの年になったらどげな苦労がくるかわからんたい。

［たきもと・ゆきこ　一九二七（昭和二）年二月二〇日生まれ］

＊――トラジ　朝鮮の民謡。

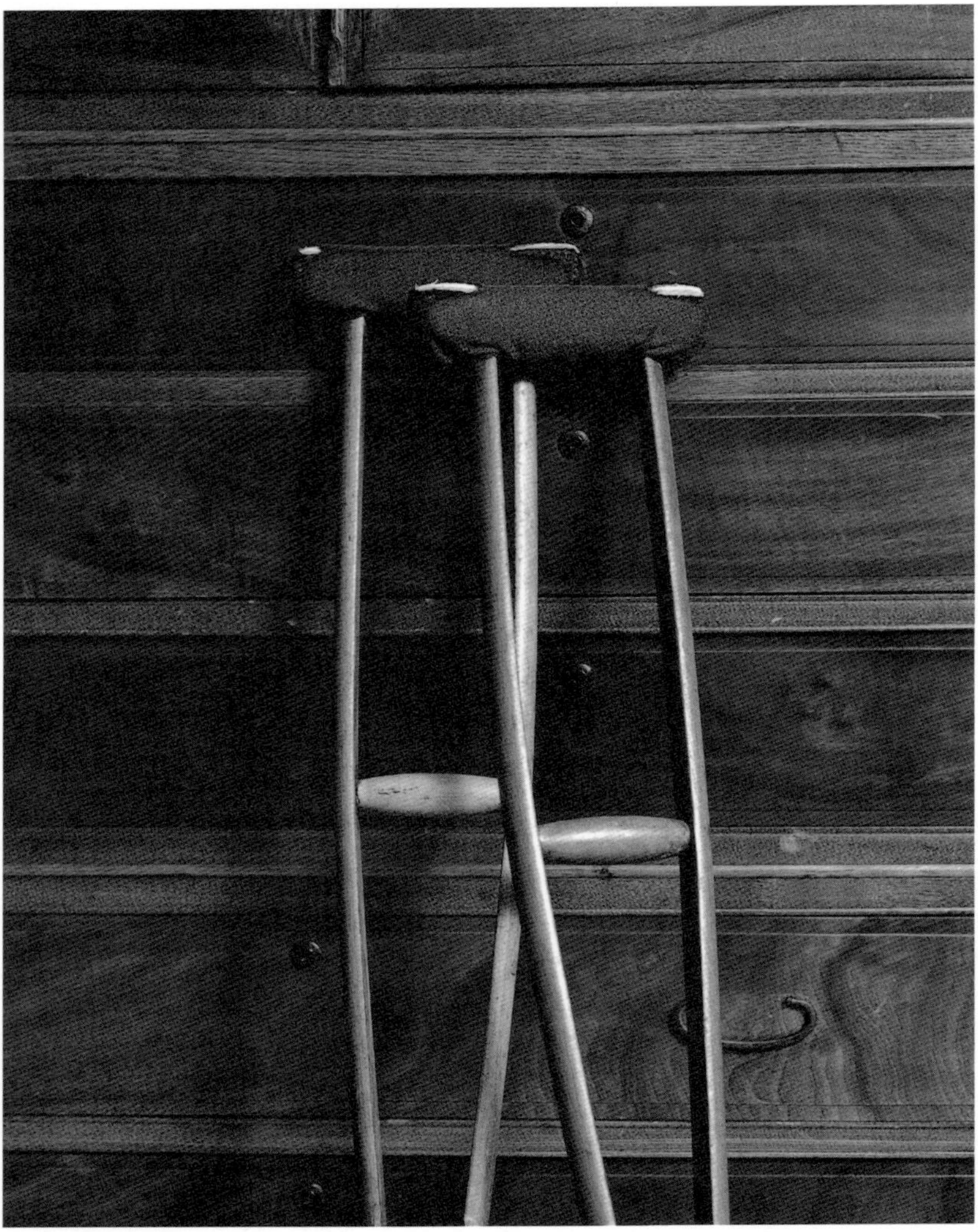

匿名

私が足を切断したのは、坑内に下がりたってまだ三日目か四日目のことですたい。
昔坑内に下がった人は傷跡が思い出になるぐらいのもんで、
一生懸命働いたっちゃぁその日暮らしが精一杯。
財産が残ったちゅう話なんかは聞いたこともないですばい。

私の足がこげんなってから、もう五十年になるですがぁ。この間、ずーっと片足で歩いてきちょるとでしょうが。近ごろは疲れが出て、コックンコックンこけよるなぁーと思いよったら、いっそ歩けんようになってしもーた。障害の三級が二級になって、長年使うたこの杖ももう使いきらん。これから先は車椅子の生活ですたい。

事故は坑内に下がりたってまだ間なし。たしか三日目か四日目のことやった。捲卸《まきおろし》のややこしい仕事でしたもんなぁ。招集ちゅうか……まぁ、本人の希望もあるですたい。「明日からお父さんと一緒に坑内に下がってくれ！」ちて、女子坑員の招集がきよれば、やっぱー下がらなならん。いやなら断ればよかったとでしょうが、女ごやき、いくらかでも家庭の助けになると思うたらそげなふうですたい。お父さんは朝鮮の人たちの指導員で六十人も使うちょりましたき、「子どもが誕生前の時に、なし女ごを下げなならんか？」ちて、怒りよったとですよ。

そこのヤマは大手やき昭和の初めには女ごの入坑は禁止になっちょりましたが、昭和十九年ちゅうたら戦争で人手の足らん時代でしたき、だいぶ女ごを志願させよったですもんね。

女ごが下がるちゅうても、特別な訓練とかちゅうもんはないですたい。主人のところは女ごは私一人で、あとは全部朝鮮の人たちやった。仕事は本線に十四尺から十六尺もの、大きな枠を入れる仕繰《しく》りの仕事やったとです。

本線坑道には石炭を積んだ函が来る実函線と、なんも積んじょらん空函線の二本があるわけですたい。そいで、主人は「函の音がこっちからした時は実函線の方に来るき下の空函線の方に、あっちから音がした時は空函線の方に来るとやき上の実函線の方に逃げちょかないかんとぞ」ちて、指導しちょったんですたい。

そうしよったところ、暫時函の来よる音がしてきよった。一トン函を十四個も繋げた石炭函が、地の底のせーまい坑道の中を、それもアンタ！　四十五度も傾斜のあるげなところを下がってくるんですばい。とてもやないが相当のスピードで、「ゴオーッ」ちて、音だけ聞いても身震いするごとありますたい。主人は音の方角から「はよう実函線の方へ上がらんかーっ！」ちて、おらびよった。私は背丈ぐらいあるところの段を登って、言われた通り上の実函線のところで函が通り過ぎるのを待っちょったとです。ところがアンタ！　下の線に来よるはずの函が下には来んで、私が逃げちょった上の線に来ちょるとたい。後で聞いたところによれば、坑内の保安係が主人にだまってポイントを反対に切り替えちょったちゅう話ですたい。一緒に作業をしていた朝鮮の人たちはみな若くて男やき、上の線のなおその上にあがって助かっちょるとです。主人は課長と二人で目の前で私が函に跳ね飛ばされるのを見ちょるわけですたい。課長が、「おまえのカカはどげか、なりゃぁせんやったかーっ？」ちゅうたら、「もう、つまらんよ」ちて、主人は言うたそうですたい。

「つまるもつまらんも、そげなことはわからん！　すぐ見に行かなーっ！」

「いいや、函に吹っ飛ばされるのを見よったき、もうしまえちょる……」

主人はほとんど諦めちょったらしいですたい。それでも課長に言われ、現場に駆け寄ってどまぐれた函の下をすかして見よれば、私のキャップランプの光がボンヤリと光りよるごとある。朝鮮の人たちもみんな降りて来て、函をかやして中から私を引っ張り出してくれたとです。主人は私の背中にすねをあてて「ちゃんとせんかーっ！　こんぐらいのケガでからーっ！」ちて、おらんだら、私はなんぼか息を吹き返したちゅう話ですたい。

そこは坑口から千七百メートルぐらい下がったところで、函で上ぐるとにも十五分ぐらいはかかったとでしょう。出血が激しゅうして「ピューッちて、血が繋がって飛びよったぞ」ちて、後から主人が言いよりました。

ブレーキの合図はしたらしいですたい。合図をしたら、なんぼ傾斜が四十五度ぐらいあっても止まらないけんとですよ。ところがブレーキがきかん。きかんちゅうとが、だいたいが十函ぐらいの捲に十四函も繋げちょったとですき、ブレーキがきかんのもあたりまえのことですたい。昭和十九年ちゅうたら増産！増産！の時代ですき、そげなんはようと調べんですきね。戦時中は、なんかかんか不足したうえ無理な増産をしてきちょりますき、ケガ人も多かったんやないと？　足やら手を落としなすった朝鮮の人なんかもよう見よったですばい。そげなんを見ては「不自由やろーねぇ」ち、思いよったら、自分もそげな目に遭《お》うたですきね。隣の奥さんも下がっちょりましたが、私の事故の一年ぐらい後に函を巻き上げるロープにはじかれて、やっぱー足を切断しちょります。

あん頃は直方《のおがた》あたりの芸者さんまでも女子坑員として入坑させちょるげな時代ですたい。そいで八十人からが乗って、上がったり下がったりする人車《じんしゃ》の捲方《まきかた》をさせよったげな。ところがやっぱー慣れてもおらんし女ごでもある。やお巻かないかんところを激しゅう巻いて、だいぶ死人やらケガ人やらが出よったちゅう話も聞いたことがありますたい。現役の芸者さんですばい。そいき、まるっきり仕事が違いまっしょうが。でくるわけがないとですよ。

そげな時代にケガをしたんですき、今さら悔やんだところでしょうがないですたい。きっとそうなる運命やったとでしょう。主人は炭鉱で四十年以上も働いてきよりましたが、たくさんの人を使いながら、それこそ人一人殺したこともなければケガ一つさせたこともないとです。炭鉱では「神様！」ち、言われよりましたが、ただ私の事故だけは未だに悔やんじょります。

そげなふうで、昔坑内に下がった人は、それこそ傷跡が思い出になるくらいのもんですばい。傷がなければ、アンタ！　どこか病気をもろうちょるですばい。なんちゅうたかね……肺をやられて……珪肺《けいはい》かね？　じん肺かね？　そげなもんが残るぐらいのもんですたい。一生懸命働いたっちゃぁその日暮らしが精一杯で、財産が残ったちゅう話なんかは聞いたこともないですばい。

［一九一六（大正五）年一月三日生まれ］

新谷 トモエ

あの時代は朝鮮からたくさんボッシュウしてくるぐらい人手の足らん時代やったですき、女ごでも坑内に下がって石炭を掘るちゅうことは、一にも二にもお国のため！自分たちが頑張らねば！ちゅう気持ちやったとでしょう。

あん頃は憲兵がさかんに強かった時代ですき、「家族のうち女ごが二人、家におることはならん。他は全部炭鉱で働け！」ち、げなふうで、おしりを叩かれるちゅうようなことはなかったですけど、もう半ば強制的に坑内に下げられたとです。朝鮮からたくさんボッシュウしてくるくらい人手の足らん時代やったですき、「女ごでも坑内に下がって、たとえわずかでも石炭を掘ればお国のためになるやろう」ちゅうげな気持ちやったとでしょう。

家には母と私、そして妹二人がおりましたが、母一人を残して私たち三人が坑内に下がったとです。そん時、女性が百三十人ぐらい、中には五十歳を過ぎた女の人もおったとです。たしか昭和十七年の暑い頃やったと思います。

私の母も子どもをたくさん産んだ体で、四十歳ぐらいまで坑内で働きよりましたが、戦争前の坑内ちゅうとはまだまだ自由で、それほど厳しいちゅうことはなかったとです。父は仕繰《しく》りちて、掘進していったところに枠を入れる仕事をしよりました。母は父が入坑してから一時間ぐらい遅れてから弁当を持って下がるとです。母は父の後向《あとむ》きですき、ナル木を運んだりカミサシを削ったりとかしよったんでしょう。そーしてある程度仕上がったら父よりも一時間も早う昇坑して、私たち子どもの世話やら所帯やらをしよりました。

ところが私たちの時代は、いよいよ戦争がたけなわになってきて石炭の重要性がますます言われるような時ですき、そげな自由はないですたい。私は最初のうちは充塡《じゅうてん》ちて、採炭した後に柱を立てていく仕事をしよったとです。ところがそのうちに、やっぱり人手が足らん。そげな保安に人手をさくよりも少しでも石炭を出さなしょうがないちゅうことで、採炭にまわされることになったとです。充塡のような保安の仕事は、朝の七時の入坑でも晩の五時頃には昇坑できよりましたが、採炭の、それも大出しの時なんかは、いよいよ時間の制限ちゅうもんがないとです。どげでんこげでん、見込みの函数を出さんことには夜が明けても絶対に上がることができんとです。

「見込み」は係員に対して何函ちて決まっちょりますき、その函数が出らな係員も困らっしゃろーちゅうことで、働く人も無理してやってきよったとです。そいき、しまいにはどこでんここでん、柱として残しておかな天井がバレて危ないちげな炭まで取ってしまうぐらいやったとです。もうあの頃は、保安なんかは二の次三の次で、とにかく石炭を出すことが優先された時代やったとです。

天井から畳二枚ぐらいの岩がでちょる払いがあったとです。その岩が落ちれば、そこの切羽《きりは》が潰れてしまうぐらいの大きな岩ですたい。いつバッサリ落ちるかわからん危険性があったとですが、落てんごとするには「時間も金もかかって仕事も遅れる」ち、げなふうで、たったナル木一本で支えただけで採炭をしよったんです。あれはそこにできた炭をエブですくい込んで、函に積んでしまえばその日の見込みが出せるちゅう、ほんと最後の時やったとです。そいき、私はもう一生懸命。わき目も振らずに仕事をしておったとです。そん時、その岩が突然ドドーッと落ちてきたとです。みんなは「ウワーッ！　ボタが落ちて死んだぞーっ！　西川さんが死んだぞーっ！」ちて、叫びながら一人残らず逃げ出してしまったとです。西川ちゃぁ、私の旧姓ですもんね。それからどれくらいたったかわからん。ふと気がつくと、あたりにはもう誰もおらん。キャップの明かりも消えてしまった真っ暗すみの中で、私は腰までボタに埋まっちょりました。「ハーッ。私は助かったんやがぁ。生きちょったんやがぁ」ち、思うた時の気持ちは口では言われんですたい。

しばらくしたら「西川ーっ！　西川ーっ！」ちて、遠くで声があるとです。その時、係員をしちょった人は、もう六十過ぎのお爺ちゃんやった。私の生きちょる顔を一目見て、「よかったーっ、よかったーっ！　よう生きちょってくれた！　もう俺はおまえに無理な仕事をさせて殺してしもーたかと思うた」ちて、男泣きして喜びんしゃったとです。私ももちろん泣きよりました。

朝鮮の人たちは、ここの炭鉱では三つぐらいの地域に分けて長屋の一棟に収容されていたとです。そーして、それぞれに監督が……監督ちゅうても早い話が監視員ですたい。逃げ出さんように必ず前・後ろについちょりました。仕事は採炭の後向きで、みんな若くて力はあっても、坑内仕事に慣れちょりませんき、オロオロしていた人も多かったとです。ここの炭鉱では発破だけは日本人の男の人がしよりましたが、それこそ炭の積み込みちゅうことになりましたら私たち女ごが先《さき》ヤマんげな感じで、朝鮮の人たちは私たちが炭壁《たんぺき》から出した炭を函に積む仕事をしよりました。

採炭の後向きは、私たち日本人でさえ見込みの函数を出さな上がられん時代やったとですき、朝鮮の人たちはなおさら慣れない異国の地の下の労働で、やっぱー体が続かんでケツを割って逃げ出す人が多かったとです。一度坑内で、朝鮮の人たちが何人かおらんようになったことがあるとです。坑口には必ず見張りがついちょりましたき、坑外には絶対に出ることができんとです。そのまま行方不明ちゅうことで処理されたらしいとですが、そんなことがあって二年ぐらいしてからの時ですたい。坑内には風洞《ふうどう》ちて、本線の横に人間が這《ほ》うて出れるぐらいの風を通す小さな穴があるとですが、そこから朝鮮の人の白骨死体が二体発見されたとです。風洞に一時隠れちょって、油断をみては這い上がって逃げ出すつもりでいたとでしょう。ところがそん頃は栄養のあるもんはなんも食べさせてもろうちょらん。体力も気力もないうえに、真っ暗な風洞のせーまいところで何時間も人の目を盗んで隠れちょるうちに、眠ったような状態で亡くなってしまったんやないとでしょうか。

私は日本が戦争に負けて、女ごがいよいよ下がれんごとなるまで坑内で働きよりましたが、女ごで最後まで残ったのは私を含めて二人だけやったとです。あの当時、女ごが坑内に入って働くちゅうことは「一にも二にもお国のため！　自分たちが頑張らねば！」ちゅう気持ちでやってきよりましたが、戦後は労働運動に熱中しよりました。

［しんたに・ともえ　一九二〇（大正九）年一一月一二日生まれ］

日高　エミコ

戦争で男がみーんなおらんごとなってしもーて、男の気持ちで仕事をしてきよったが、今から思えばゾーンとするですたい。なんぼ経験があったっちゃぁ女ごばかりで炭を掘るちゅうことは、やっぱーやおないですばい。

婦人払いができたとは、昭和十九年のハナのことやったと思いよるが……。指導員のおいちゃんが一人と、採炭した後に天井が落てんごと柱を立てるおいちゃんが一人おんなるだけで、あとの二、三十人はズラーッと女ごばっかしですたい。中には「マンガ払い」ち、言われた女ご切羽《きりは》もありますたい。坑内のことなん、なんも知らん女ごばかりが下げられて「炭掘れ！」ち、言われたっちゃぁ、どげしていいのか全くわからん。あっちウロウロこっちウロウロ、離れて見よればマンガのごとありますたいね。

当時は戦争が激しゅうなって男がみんなおらんごとなってしもーて、男の気持ちで仕事をしてきよったが、今から思えばゾーンとするですたい。なんぼ坑内の経験があったっちゃぁ、急に女ごばかりがアンタ！　孔刳《あなく》ってマイトをかけて炭を掘るちゅうことは、やっぱーやおないですばい。

女ご切羽の延先《ぬびさき》を延《ぬ》んでいくおいちゃんが一人、ボタをかぶって死んなった時があったんたい。ドサーッときた時に「ウーン……」ち、言いなったが、女ごばかりの切羽やき、もう恐ろしいでから助けにいき手がないとたい。そりゃー坑内何十年ちゅう、いばしいオバサンもおりよんなったが、やっぱーそげな時は女ごですたい。それでも明けの日にはコロッと忘れてまた下がる。もう自分がこげん働かなならん時代に生まれてきちょると思うとったんやろーね。

私が生まれたとは小竹《こたけ》にあった古河炭鉱ですたい。お父さんは炭鉱で鍛冶屋をしよったが、癖が悪いもんやきこっちへ流れてきたんたい。癖っち、女ご癖たい！　それでもあんなに家におらんとに、子どもだけは六人も作っちょんなったき、やっぱー子孫は本宅で残さな気色が悪い、ちげな気持ちがあったんやろーか。こっちへ来ればその癖もいくらか収まるかと思うたが、なんちゅうか男の癖はやっぱりなおらん。とうとう私が十五の時に家を出ていってしもーたと。一番下の弟がまだお母さんの腹に入っちょる時やった。それからが私たち家族は難儀の連続ですたい。私と上の姉さんが奉公に出て、今で言うたら口減らしたいね。私は食べさせてもらうだけで、後の給料はみーんなお母さんに送りよった。そんかわりお母さんも朝から晩までそりゃーなりふり構わず働いちょんなるよ。

　そうこうして二年辛抱して家に帰ったら、隣のおいちゃんが「奥さん、娘さんを炭鉱で働かすとなら一銭でも多《おお》いい方がいい。私が責任を持つき坑内に下げんですか？」ち、お母さんに言うてくれたと。お母さんは最初は反対しよったが、私はこげな気性やき「よか、よか！　行く、行く！」ち、げなふうですたい。そーして行ったところが、そのおいちゃんは日役《ひやく》ちゅうて炭を出した後に天井が落てんごと柱を立てていく、その後向《あとむ》きですたい。そいき、給料が安いでっしょうが。炭を出しよる人を見よったら給料が多いいもんね。端で見よったら馬鹿らしいごとある。「あーあ、こりゃーつまらん。同じ坑内に下がるとなら、炭鉱は炭鉱やき採炭に行かしてもらう」ちて、日役をやめて採炭に行かしてもろーたと。もうそれからはまるっきり男と一緒たい。

　結婚したとは昭和二十一年。そのお父ちゃんはもうくたばっちょる。難儀させられたき、はよ殺した。仕事はよう行きよったが、そりゃー勝負ごとが好きなお父ちゃんやった。競輪、競馬、競艇、オートレースにパチンコまで、日曜ちゅうたら新聞片手に長靴はいて、どこへでも行きよった。そいで一月の勘定以上負けてしまうとたい。しまいには私も度胸がついて、「あれ？　あんたまだ行かんと？　これで思う存分行ってきない」ちて、借金をして行かしてやったと。そーして、帰りの電車賃だけ残して帰って来る。そげなんは顔は見らんでも長靴の足音だけですぐわかる。「あー、こりゃーもういかん！　こげな遊び好きな男は、はよ殺さな大ごと！」ち、思いよったら、看病もせんうちに案配ようコロッと死んでくれたと。葬式の時「いい人が亡くなった」ち、みんなが言うき、「なら、残った私は悪いんか？」ちゅうたら、もう大笑いたい。近所の奥さん連中が、婿さんかかえてワイワイ言うき、「あんた、そげん難儀させられちょるとなら、はよ殺しない！」ち、私は今でも言うんですたい。昔の炭鉱の男ちゃぁ、飲む打つ買うちゅうのを特典のごと思うちょるき、よう妻子を泣かしたもんばい。

ここの炭鉱長屋も、もう三軒しか住んじょらんとばい。両端が空き家で、隣とウチが両方とも後家さんの一人暮らし。前の棟に夫婦もんがおんなるけんど、その人たちが出ていったら「ここにはおりきらんばい」ち、隣ともよく話をするんですたい。それでも、いくら便利がよくても、近くの人の顔も知らんげな町ん方へは、やっぱー住みたくないですたい。

国会議員の先生たちも年配の人たちがやめてしもーて、今の先生たちは炭鉱の夕の字も知らん。昔はなんやらかんやら陳情に行けば、いい返事ももらいよったが、今は「タンコウ？　セキタン？」ちゅうぐらいなもんですたい。これも時代の流れやきしかたがないとやが、昔の炭鉱ちゃぁ今んごとない。人情味があって、そりゃー生活はしやすかったですばい。

［ひだか・えみこ　一九二五（大正一四）年五月二二日生まれ］

森　セツ

戦時中はあたりをぐるり見回してもなんひとつ食べるもんがないとです。そん時ですたい。「坑内に下がれば弁当米が出る」ちゅう話を聞いたとです。もうお金やない、子どもの腹を干《ほ》さんがために、ただただ一合そこその弁当米欲しさに坑内に下がったとです。

だいたいが大手筋のヤマは、昭和の初めには女ごの入坑は禁止になっちょったんです。それが戦争が激しくなって三井んげな大ヤマでも昭和十六、七年あたりやったですか、「女ごも坑内に下がられるんばい」ちて、ぼつぼつ斡旋をしだしたとです。そいき、十八年頃にもなるとこのあたりの女ごの人はどんどん下がりよりましたが、私はまだ子どももも小さいし姑さんの面倒もみなならん。坑内に下がろうなんちゅう気持ちはこれっぽっちもなかったとです。

ところが当時は食べるもんも少なく、お米も配給で普通の元気な人が一日なんぼ働いても二合三勺。子どもはといえば一合八勺。七十を過ぎた婆ちゃんなんかはもっと少なかったとです。それぐらいの米を配給されたっちゃぁ、いくら女ごでも赤ちゃんがおって乳を飲ませよったら足らんですがぁ。男も増産、増産の時代で坑内に十二時間以上もおって石炭を掘りよれば腹が減るでっしょうが。そいで爺さん婆さんちゅうても若夫婦が坑内に下がりよれば、子どもの守りやら所帯の手伝いやらをせなならん。今の年寄りのごと朝からテレビを見ちょればいいちゅうわけにはいかんですき、やっぱり腹が減りますたい。

今のようにパンがあったりお菓子があったりするなら配給米だけでもひもじいとは思わんでしょうが、こうあたりをぐるりと見回しても、ご飯以外なんひとつ食べるもんがないとです。そいき、とてもやないが配給米だけでは足らんとです。食べられるもんがあればほんと、拾ってでも食べたい。おかずとかなんとかは言わん。「米さえあれば塩をかけて食べればいいき、他はなんもいらんね」ち、そげん言いよった時代ですたい。

そん時ですたい。「坑内に下がれば弁当米が出る」ちゅう話を聞いたとは。もうお金やない、私は少しでも子どもの腹を干《ほ》さんがために、ただただ一合そこそこの弁当米欲しさに坑内に下がったとです。

事故に遭《お》うたのは帰りがけの時ですたい。捲立《まきたて》を通り過ぎようとした時に函がガタッと動いたもんですき、私は隅の方によけちょったんです。ところが戦争中の坑内のことですき男の人は兵隊に行ってしまわれて人手が足らん。函が破れていても修繕しださんのですよね。その破れた函がそのまま私のところへ来てるもんやき、着物の胸のあたりを引っかけられたとです。そーして函の縁を止めてある六角ナットに顔をすられよりましたき、「アッ痛っ！」と思うて顔を上げたら、その拍子に鼻をピシャーッと裂いてしもーたんです。

私はすぐに三井の病院へかつぎ込まれました。私を診た外科の先生は「こりゃーひどいなぁ。どげするか?」ちゅうたきり、次の言葉が出てこんとです。そしたら耳鼻科の先生がやって来て「ひょっとして命があるなら鼻があった方がいいき、縫い付けてみたらどうですか」ちて、言うてくれたとです。外科の先生は私がお布団にシーツを綴じるようにチョンチョンチョンちて、十何針か縫うて結んでくれよりました。

その日は私を入れて三人が同じ手術室におりました。私は自分のことは何も考えんで、「あの人たちはひどい事故に遭われて入院しなさるんやろーなぁ」と、思いよったらなんのことはない、私が入院室に連れていかれたとです。それまでは「子どもが家でおなかをすかして待っちょるき早う家へ帰らな」と思うばかりで、自分が入院することなどちっとも考えつかんやったとです。

命があったとしても半年や一年は入院生活が続くやろうと思われとった私のケガも、おかげでバタバタようなって、その治りの早いのには先生もたまがっておられました。たった九日入院しただけで私は家に帰ることができました。町内のもんは「森さんなん、この間まで仕事がされんで苦労して、ようよう慣れたかと思えば事故に遭うて、このまんま死んでしまうとやろうか? 可哀想にねぇ」ちて、みんなで話しよったちゅうことですたい。

ケガをしたのは坑内に下がりたって二カ月目ぐらいの時でした。それから先は子どものためには、どげなことがあっても生きとらなと思うて坑内はやめました。昭和二十年にケガをして、そのお金が会社から出たのは二十三年頃やったと思います。「女ごの顔はカンバンでから大事なところをケガしちょるとやき、たいそう貰うたやろう」ちて、言われるけんど、そんなよけいには貰うとらんとです。その頃はヤミ米が一斗四、五百円ほどしよりましたが、そのヤミ米を二斗買うたら借りをせな買えんような金額でした。今の子どもにやったっちゃぁあんまり喜ぶほどの額やないとです。

戦時中、私は年寄りを抱え、いつ何時なにがあるかわからと思うてから、いざという時のために米だけはきらさんごと配給の中から一斗五升だけはのけちょったとです。それを見て子どもたちは「お母ちゃんなん俺たちに菜っ葉飯やら大根飯やらを食わして、お米をあげしてなおしよるが、あの米は一体いつになったら食わしてくれるとやろーか？一遍でいいき米の飯を食わしてくれればいいとに……」ちて、いつも言うちょったとです。

その当時のことを思うたら今は贅沢になりすぎちょります。あの頃の暮らしをすればうんとお金が残ろうごとあるけんど、なかなか時代の流れでこればっかしはそうもいかん。

炭鉱で働きよる時は「炭鉱さえなければこげな地の底で働かんでもいいとになぁ」と思いよりましたが、今はもう北海道の炭鉱も次々となくなってしもーてテレビを見ながら寂しい限りです。

［もり・せつ　一九一〇（明治四三）年一一月三〇日生まれ］

匿名

戦争中の炭鉱はよう圧制しよったよ。
一度その炭鉱があんまり圧制するちゅうて芦屋から憲兵が来よったが、
その憲兵がまた圧制するとやき、もう話にならん。
日本は戦争に負けて本当によかったよ。

今頃、「昔坑内に下がったことがある」なんちゅう人はおらんよ。ここらあたりの女ごは、戦争中はみーんな坑内で働きよったばってん見栄を張って言わんよ。私が「あんたは戦時中坑内に下がりよったっちてね?」ち、聞いたら、「いいや、坑内なん下がらん」ちゅうとばい。そいで後から他の人に聞くと「あん人は下がりよんなったばい」ち、言いよんなる。そげなふうで、現に下がりよってもくさ、今では恥ずかしがって言わん人が多いいよ。ウチはこげな気性やき、隠さんであっけらかんに言うよ。見栄張ったっちゃぁ一緒やもん。本当の話、坑内下がってきちょるとやき。

下がったとは遠賀《おんが》郡にあった炭鉱たい。今は北九州の八幡になっちょる。だいたいが久留米のゴム工場に徴用されるごとなっちょったんたい。ところが近くにあった炭鉱が、自分のところに籍をおいちょったら徴用に行かんで家におってもいいちゅうもんやき、徴用のがれで炭鉱さに入ったんですたい。あの時代はまだ十三、四歳ぐらいで親元を離れるちゅうたら、今でいうたら外国へでん行くげな気持ちがしましたき、炭鉱ちゅうてもどうちゅうことはなかったですたい。

坑内は、最初は怖いもなんも、わけがわからん。切羽《きりは》まではやっぱー坑口から歩いて四、五十分はかかりよった。そこの炭鉱は炭丈《すみたけ》ちゅうたら一尺五寸あるかないかぐらいやき、先《さき》ヤマさんなんもちろん寝掘り。後向《あとむ》きも、アンタ！　寝ちょるとばい。それも横になったら肩が天井につかえるぐらいの高さやき、寝返りもうてんとよ。そげんひーくいところやき、切羽まではスラも入らん。スラが曳けるところは少々高い。それでも背中が天井にすれて血が出よったよ。私はまだ子どもやったき、どこでんスルスルいきよったが、おばさんたちなん体が太いき、よう泣きんしゃった。私は本当ゆうたら年が足らんで坑内には下がられんとやが、戦争中のことやき炭鉱も人手が足らん。母の名前を借りて闇で下がったと。

坑内では一度、天井がバレて生き埋めになったことがありますたい。函を押し込んでピンを繋ぎよった時、突然上からバサーッときよった。そん時、女ごが三人ボタに埋まったんたい。バレてから二時間ぐらいしてからやったろーか。「おーい、おーい！」ちて、誰かが遠くでおらびよる。私は「助けてーっ！　ここにおるよーっ、ここにおるよーっ！」ちて、声の限りに叫びよった。そしたら「あーっ！　生きちょる、生きちょる！」ちて、前の二人が死んで出ちょったもんやき、ボタの中から生きて私が出た時は、そりゃーみんな喜びんしゃったよ。

そん時の気持ちは口では言えん。ちょうどピンを繋いだ時やき、函と函のわずかな隙間に入って助かっちょるとたい。それに、いくらか空気も入ってきよったき息もできたと。「まぁー一時間遅れよったらつまらんやったろーねぇ」ち、みんなが言いよった。死んだ子は、一人はナミちゃんちゅう子で、もう一人はなんちゅう名前やったか……？　二人ともまだ十四、五歳で私の友達やったと。

今思うと、やっぱー私には寿命があったとやろう。何回ガスに遭おうが、何回ボタをかぶろうが、何回死にぞこのうたっちゃぁ助かるもんは助かる。炭鉱のいい悪い、フのいい悪いはあるばってん、最後はその人のもって生まれた寿命たい。寿命があったら生き延びる。また、そう思わな坑内には下がられん。

私が坑内に下がった時はまだ遊びたいざかりの子どもやき、なんでこげな地の下にもぐって働かないかんかと思うたですよ。学校に行くよりも、「ひとクレでもいいから余計に炭を出せ！」ちゅう時代やった。採炭は一日なんぼちゅう「見込み」がありよったが、その見込みを出さな絶対に上がってこられんやった。一番方で朝の六時に下がっても、どげかしたら夜中の一時か二時にならな上がってこれん時もある。アンタ！　昼の一時や二時やないとばい！　そげして働いて「明けの日の朝の六時にまた下がれ」ちゅう。家に帰って、お風呂に入ってご飯を食べて、ヤミ酒の一杯も飲んだら寝る間もないとにまた下がらなならん時間になるとやき、やっぱー休みたくもなりますたい。

そいで仕事に行かんやったら労務に呼び出されて、腹ばいにされては叩かれよった。坑内で死にぞこなうげな事故に遭《お》うたっちゃぁ、「もう明日からは下がらんばい」とは言えん時代やき、頭が痛いとか熱があるとかは言うちゃぁおられん。

朝鮮の人たちは私たちよりなおひどい。坑内では一緒に仕事をしよったき、私たちとも自由に話ができよったけど、仕事が終わって坑口まで来よったら、逃げ出さんごと監視がついて別々たい。そいでたーかい囲いの中に押し込まれたらもう外には出られん。早う言うたら監獄みたいなもんたい。坑内で死んだら一応火葬だけは炭鉱でしよったが、もうそれっきり。葬式なんかは絶対にせん。やっぱー可哀想にあったですよ。

一度その炭鉱があんまり圧制するちゅうて芦屋から憲兵が入って来よったが、その憲兵が圧制しよったき、もう話にならん。ほんと日本は戦争に負けてよかったよ。万が一にでも勝っちょったら、軍隊が頭をもち上げてから、こげなことは言うちゃぁおられん。

朝鮮の人たちは私たちと同じように働いても、食べるだけやったもんね。今になって、「戦争時代に日本に連れてこられて、圧制されて給料ももろーとらん」ち、言いよんなるのもあたりまえですばい。そげなんは、その当時一緒に坑内に下がったもんでなからなわからんと。

そいき、炭鉱は戦時中にボロ儲けしちょるとたい。働いている人を押さえつけてはそげん金を払わんで、そいで政府が補助を出しよったでしょうがぁ。早い話が、そげなんは全部自分たちが丸取りして太りあがっちょるとたい。

昭和十九年になると、私は払いを抜け出し単丁切羽《たんちょうきりは》の先ヤマをしよった。あの当時、払いの先ヤマが「十」とるなら、女ごの後向きは「七」ぐらいしかもらわれんやった。同じ後向きでも男やったら「八」もらえると。そいき、どうせ坑内に下がるとなら先ヤマにならな馬鹿らしいとたい。私は先ヤマのおじさんたちがするとをようと見てから、炭の掘り方も枠の入れ方も自分で覚えたと。そーして、会社に「先ヤマに替えてくれ！」ち、言うたが、払いには先ヤマがたくさんおって私の入り込む隙はないと。また会社も後向きがおらな大ごとやき、なかなか替えんたい。ところが私はふつうの女ごと違うて娘の時からキカン坊やき、いったん言い出したら絶対に後にはひかんたい。とうとう会社も「あいつに単丁切羽をくれてやれ！」ちゅうごとになって、私より年上の男の後向きを二人つけてくれたんたい。

そしたらこの二人が悪さたい。アンタ！　この二人は今、ヤクザ屋さんをしよんなる人ばい。私の後向きについていけば、先ヤマが女ごやき仕事をさせるだけさせてピンをはねたらいい、ちげな頭がハナからあっちょるとたい。ところが私はそうはいかん。女ごが坑内下がって生易しいごとしよったっちゃぁつまらん。当時女ごの先ヤマはざらにおったが、男の後向きを連れていったのは私一人やったと。「おまえたちゃぁ何か？　仕事せんならせんでいいとぞ。もう明日から来るごたぁいらん。そいき、金が欲しかったら我が掘って我が積んでこい！　オラもう自分のだけは積んだき上がるばい」ちて、ツルハシを持っておっぱちらかしてはスーッと帰りよったよ。

そしたら若い時からスットンピンばっかしてきたヤクザ屋さんやき、自分で炭を掘って積み上げるげなことはしきらんわけたい。そいき、結局坑内に下がっても、のそんになって一銭にもならんでしょうが。しまいにはヤクザ屋さんも仕事をするごとなったたい。

そげなふうやき、私が嫁さんになった時は近所のもんがびっくりしよったよ。花嫁姿でお宮参りに行ったら、「ウワーッ！　あの女ごがお嫁にいくぞー！」ちて、みんながワイワイ言うて冷やかすもんやき、シリ引っかくって追い散らかしよった。先ヤマするぐらいの女ごは、そげん気が激しなからなでけんもん。

私が坑内に下がった戦時中は、天井の高さちゅうたら一尺五寸あるかないかやもんね。そげなひーくいとこばっかしで、一日十六時間も十八時間も働いちょったとやき「今あんだけ働いちょったらどんだけ銭が残っちょったとやろーか？」ちて、そげなことは今でも思うことがありますたい。

［一九二八（昭和三）年五月三〇日生まれ］

保坂　フミ子

坑外の土方の仕事をしよったっちゃぁ女手一つで子どもは育たん。
女ごが下がられんその時代に、なりふりかまわずテボをかろうてきよったよ。
昭和でゆうたら三十年代、人は「盗くつ掘り」ち、言いよった。

私が坑内に下がったとは戦後も戦後、昭和でゆうたら三十四年から四十年までのことですたい。アンタ！　ちょっと考えてみなっせい。女ごが下がっちゃぁならんその時代に、私は坑内で働いてきたんばい。早う言うたら闇ですたい。人は「盗くつ掘り」ち、言いよった。三井やら三菱やらの大手筋の炭鉱は、いくら石炭ちゅうても全部は採らん。そげなことをしよったら、すぐ天井が落盤するでっしょうが。そいき、柱としてなんぼか残しちょくんですたい。その古洞《ふるとう》の採り残しを私たちが三、四人で組んでは、コソッと採って回りよるとです。

始まりから掘ったこともありよった。「芝はぐり」ち、言いますたい。長いこと坑内で働いちょった爺ちゃんたちは、よう知っちょんなる。「俺たちは昔ここらあたりを掘りよったき、この下にはまだなんぼか炭が残っちょるきなぁー。ここから口を開けるといいばい」ちて、言わっしゃると。もう「女人ヤマ」ちゅうごと、昔から坑内に下がりつけたベテランのおばちゃんたちを使うては、人の土地に勝手に穴を開けて掘りよった。そげな「盗くつ掘り」の芝はぐりは、掘っていくとに傾斜が緩けりゃ着炭《ちゃくたん》するとに距離が長いで時間もお金もかかるでっしょうが。そいき、上から急に下げては「もう出る、もう出る！」ち、言いながら一生懸命掘りよった。石炭の層に着かんで、お金を貰いそこのうたこともあるばってん、石炭が出よったらお金儲けになりよったよー。もう丸っきり博打と一緒たい。

そん頃、坑外の仕事やったら一日に二百三十円ぐらいもらいよったら「まぁまぁよかうち」ち、言われる時代やった。ところが坑内に下がれば、カンテラを口にくわえてハシゴをかけていかな登れんげなところでテボをからわなならんとやき、そりゃー骨は折れるばってん、アンタ！　七百五十円にも千円にもなりよった。それで私は三人の子どもを女手一つで育ててきたんやき。

私は田舎の百姓育ちで、こう言うたら悪いばってん炭鉱の人たちは不精もんが多いいですき、気が合わんやったとです。そりゃー働く人はよう働きなさるばってん、私方の主人は本当に不精もんやった。主人は若い時に炭鉱に働いていたことがありましたき、私と一緒になってからも「百姓仕事はしたくない」ち、げなふうで、百姓のあい間あい間にちょくちょく炭鉱に出稼ぎに行っちょりました。そうしよったところ、とうとう百姓をやめて「炭鉱で働く！」ち、言うんですたい。

百姓の仕事はお米ができな、お金が入るめいもん。草が生えたら草を取って、朝から晩まで一日中蚊に食われながらチビチビチビチビ働いても、銭になるのかならんのかわかるめいもん。ところがアンタ！　炭鉱に行けば、まかり間違えばボタをかぶって死ななならんけど、炭鉱の給料ちゅうたら多いいでっしょうがぁ。田舎へんの三倍にも四倍にもなるとやき。そげん何倍にもなって社宅やらに入ったら家賃もただ、燃料費もお金を出したっちゃぁ、ちょっとでよかでっしょうが。もうお金を取ってきたしこ丸残りやもん。それで今日一日よこうたっちゃぁ明日一日下がればなんぼになるちゅうげなふうで、生活の見込みがたつでっしょうが。そいき、一度炭鉱の味を知りつけたら百姓仕事なん馬鹿らしくてできんですたい。「炭鉱へ行くなら別れななならん」ち、私も両親も言いよりましたが、そん時には長男が腹に入っちょりましたき、もう始末がつかんですたい。

主人は腕もよく、よう働きよりましたが、ちょっとでも気にくわんことがあると現場の係員とケンカして「やめたー！」ちて、次の仕事も見つけきらんうちにやめてしまうとです。そしたら家庭はどげなりますな？　そいで博打を打って借金を作るでっしょうが。そりゃー、悪い人間やなかった。炭鉱の人は不精もんでも悪い人間はおらん。おらんばってん、家庭を持って子どももおるとに、いくら人間がいいたっちゃぁ勝手に仕事をやめて博打を打って、所帯どんなんも入れんちゅうとは女ごからすれば悪い人間になろうもん。炭鉱の人間同士やったらその日暮らしもいっちょんかまわんばってん、私はそげなんは好かんもん。ちょっと子どもがどうかあった時なん、サァーちゅうて、お金の少しもなからな。その場になって銭借ってまわるげな生活はしたことがないもん。

　私が男なら、あんだけ坑内に下がって働いちょるなら相当なお金が残るやろうと思うけんど、炭鉱育ちの人は今でん同じこったい。あればあるだけドンドン使ってしまうと。それも自分だけやない、人にもうーんとするんたい。「あんた、こげんして生活は大丈夫な?」ちゅうごとするよ。そいき、ない時はなーんもせん。今考えたら炭鉱で生まれて炭鉱で育った人はそげなもんたい。

　ところが私はそげんことはできん。給料をもろーてきたっちゃぁ、十日ぐらいは手をつけんで仏様にあげちょくと。他所でなんかあった時に「お金がないきこらえちょってね」ち、げなことを、田舎あたりで言うたら馬鹿にされるとたい。私があんまりワァーワァー言ったもんやき、主人はとうとう借金をかろーて出て行きなった。一番こまい子がまだ父親の顔もわからん頃のことですたい。

　主人が出て行っても子どもは三人おる。そいき、食べんがためにはどげな仕事でもせな！　私は学校にも行っちょらんし、手仕事もしきらんばい。そりゃー昔の人間ですき、子どもの着るもんぐいは縫いきるですたい。そいき、お金になるげな手仕事はしきらん。なにが取り柄ちゅうたら、娘ん時から父と二人で田んぼを一町八反と畑が二反、それに養蚕をしちょりましたき体だけは丈夫ですたい。そいき、五体を使う仕事をせなならんとやが、アンタ！　あん頃の土方は「雨の三日も降りゃー刃物はいらん」ち、言われた時代ですき、土方殺すにゃぁわけなかろう？　坑外の仕事をしよって二百円ちょっともろうたっちゃぁ子どもは育たんでっしょうがぁ。ところが坑内やったら地の底で仕事をするとやき、雨が降ろうが風が吹こうが関係ないでっしょうが。お金も坑内やったら日役《ひやく》でも三百五十円ぐらい貰われよった。一日に百五十円近く違うでっしょうが。

　ちょうどそん頃ですたい。「盗くつ掘りがありよるよぉー」ちて、人が世話をしてくれよった。最初は坑内のことなん、なんもわからん。テボをかろうてしゃがみこむ道もわからん。オバサンたちは「フッフッフーッ」ちて、杖をついては上がってきよる。私は下がるとに突っ立ったままですたい。そうすると「おばさん！　座らなーっ！」ちて、よう怒られよったよ。坑木の枠に摑まって、下がるもんがしゃがみ込まな、すれ違われんげな小ヤマたい。そげなふうで何年も坑内で働いてきたオバサンたちと違うて、要領の使い道がわからんですたい。それでも「お金をこんぐらいもろーたら、こんぐれいは働かな！」ち、思うでっしょうが。そいで、私が辛抱がよかろう？　百姓仕事をしてきちょるき体も強かろう？　なりふりかまわず一生懸命働く姿を上の人が見よれば「よう働く！」ちゅうことになるわけたい。「そげん働くとならアンタ！　よか先《さき》ヤマさんを付けちゃるき請け負いでやらんな？」ちて、掘進の後向《あとむ》きにさせてもろーたとです。

　掘進は採炭と違うて坑道を作っていく仕事ですき、今度はボタをからわなならん。このボタがまた石炭と違うて重たいんですたい。ところが私は要領ちゅうもんがわからんですき、テボをドンドンドンドンからうんたい。百姓仕事で鍛えた体やき「こげんとうはいやばい」ち、言うたことがない。「こんぐらいでいいねーっ？」ちて、先ヤマさんが聞けば「まだまだ入れていいよぉー」ちて、こげん大きなボタを首んとこに入れてもらうとたい。「ウァーッ！」ちて、先ヤマさんは言いよんなる。そいき、私が掘進の後向きをするとわりと延先《ぬびさき》が延《ぬ》ぶたいね。

　盗くつ掘りをするげな小ヤマは何年ちて長い仕事やないと。あらかた採ってしもーたら「もうここは採れんばい。そいき、次を見つけてあるきなぁー。今度はあっちを掘ってみろう」ちて、まぁ半年も続けばよかうちですたい。坑内に下がるとでも監督署に見つかれば捕まえられるとやき一番方には下がらんと。午前中は百姓の加勢をして、夕方二番で下がるとたい。そいで仕事が終われば、まだ暗いうちに坑口をナル木で塞いで、その上にゴザやら草やらで隠して明け方コソッと帰るんたい。

　そげんしよったところ、私は忘れられんことがあるんですたい。知ってる先ヤマさんに誘われて初めて行ったヤマやった。山ん中にポツリと坑口がありよった。テボで六回ぐらいかろうたやろうか。突然「動くなーっ！　動くなーっ！」ちて、警察がジープ二台で来ちょるとたい。その場で全員が捕まってしもーて、そりゃーもう怒らるる怒らるる。怒らるるちゅうとが「一体誰に雇われたか？」ちゅうわけですたい。「今日初めて来ました」ち、言うたら「おまえなぁー、初めてやなかろうがぁ！」ち、警察が私にこう言うちゃね。石炭を扱えば指の先がなんぼか黒うなっちょるき、それを見て言いよるわけたい。

晩の五時が過ぎて、「子どもが学校から帰ってきますき、帰らして下さい」ちゅうたっちゃぁ、帰らせんちゃねぇ。「ここでご飯を食べてきない」ち、そげ言うと。警察でご飯なんか食べられるもんかね。やっぱーあん頃の警察は拷問やった。そーして今度は「身元引受人はおるか？」ち、聞くんですたい。家主の爺ちゃんなん、まだ生きちょったき引受人になってくれるばってん、迷惑をかくるき言いもされん。「子どもを抱えて貧乏をしちょりますき、私のげな女ごに身元引受人はだーれもおりません」ち、言うたとですよ。そしたら「おう、おまえんげな女ごにはおるめいねぇ」ち、こう言うちゃねぇ。

本当言うと私は知っちょったたい。遊び手んげな人が、私の知っちょる先ヤマさんを雇うて私を呼びに来たちゅうことを。警察はその人を挙げたいばっかしたい。そいき、そげなことは絶対に言われんよ。私もとぼけちょかな。私は女ごでその日のうちに帰されよったが、二人の先ヤマさんは二週間ぐらいブタ箱に入れられちょったと。そいでも、その人の名前は最後まで言わんやった。やっぱー男はいざとなったら口が堅いばい。なんもわからんましたことばってん、それが一つ一番印象に残っちょるですたい。たしか昭和四十年頃の話ですたい。

主人が家を出て行った時、一番下の子はまだ四つやった。そん当時、子どもを幼稚園に預けるお金なんあるめいもん、私はその子を坑口まで連れてきては下がりよったよ。坑内には溜まった水を上さへ汲み上げるポンプがあるんですたい。そこの仕事をしよる時に、その子がポンプのパイプを石でガンガン叩くとです。そーして「母ちゃーん、母ちゃーん、どこさへ行きなんなよぉー。行きなんなよぉー」ちて、おらびよる。その音と声が坑道を伝わって、下にいる私のところまで響いてくるんですたい。「おーおー、兄ちゃんが坑口で石を叩きよるばい。いつまでたっても母ちゃんが上がってこんき寂しいとやがぁ。あんた、もういいき早うボタをかろうて上がんない。」ち、先ヤマさんも言うてくれる。

そーやって、私はいつもその子を坑口で待たせよったが、子どもを背負うて仕事に行きよる時に家主の爺ちゃんと会うちょるとたい。「あんた、子どもを連れてどこへ行きよるとか?」ち、聞くき、「仕事に行きよる」ちゅうたんたい。そしたら「子どもを連れて仕事に行ったら大ごとやろーもん。ウチの婆ちゃんにみてもらいない」ち、言うてくれたと。それからは婆ちゃんに預けて下がりよった。

その子は中学を卒業して調理師になりよったが、チィートしかないとに見習いになって初めてもろーた給料の中から、その婆ちゃんに、「パーマでもかけない」ちて、五百円送ってきちょるんですたい。婆ちゃんは「使い銭を五百円もろーた」ちて、それはそれは泣いて喜んでくれよった。

上の子が中学を卒業する時は炭鉱もしまえてシャモット焼きに行きよった頃ですたい。シャモット焼きは熱い熱い。上からの日にも照らされてもう真っ黒になるですたい。それでも「母ちゃん! 明日は父兄参観日やきなぁ、就職のこともあるき来《き》ないよ」ち、子どもに言われれば行かないけん。昼まで仕事して、アンタ! 家に帰って風呂でん入るもんかね。顔は真っ黒う焼けちょるけんどが、首筋をこう水でブルブル流してからサッと着替えて、破れた自転車に乗って飛んで行きよったよ。行ったところが銀行やら何やらの奥さん連中ばっかしで五、六人しか来ちょらんと。

私は家に帰って「あんた、おかしかっちょろうもん。誰でんお母さんたちはきれいな服着てお化粧してイヤリングやら指輪やらしてから、母ちゃんが来ん方がよかったんやないと? 恥ずかしかっちょろう?」ちて、子どもに聞きよった。そしたら「なん言うね、母ちゃん。それぞれの家庭家庭で母親の仕事があるとやき、なんが恥ずかしいね! 母ちゃんがどげなおかしな格好してきたっちゃぁ、僕は恥ずかしいとかはいっちょん思わんよ。来ん親より来る親が一番よかと。母ちゃん!」ち、言うてくれた。そん頃のことやき、モンペをちょっとしたスカートに履き替えて行っちょるけんど、よか服は着て行っちゃぁないよ。顔も汚れちょるよ。もうどげんして行ったか覚えんよ。

そげなふうですき、電気もないげなボロ屋で暮らしよったですばい。高い家賃なん払いきるめいもん。家の明かりちゃぁ坑内に下がる時に使うカーバイトのカンテラを一丁下げちょくだけですたい。お菓子やらも買うてはやれん。そいき、休みん日は百姓のオバチャンからトイモをもろーて、それを湯がいてあんこを作るんですたい。小豆も買いきらんよ。砂糖もないきサッカリンたい。米やら粉やらも買いきらん。メリケン粉を使うて饅頭を作るんたい。そしたら一番こまいんとうが「僕も自分とうを作るばい」ちて、真っ黒い手で作りよる。手は洗うてきちょってもガラ焼きを手伝ってくれよった手やき、水で洗うたぐらいじゃ奇麗にならんとたい。それを見よったらもう可愛いしてたまらん。

　そげなふうで私は本当に貧乏して子どもを育ててきよったが、もう三人とも元気なもん。病気はせんし、勉強もようする。やっぱー、子どもはお宝で育てたらつまらん。そげなお宝は大学出たっちゃぁ役にたたんよ。そりゃー学問も大切ばってん、人間は根性がなかったらつまらんもん。私も炭鉱で根性を作ってきちょるきねぇ。子どももそれを見て育っちょるき、もうみんな働くばっかり。働くごとを趣味んごとして働くもんね。

　昔は炭鉱ちゅうたらそれこそ「人を殺したげな人間しか働かん」ち、ものすごう嫌われよったもんですたい。私も百姓の出ですき「絶対に炭鉱やらには働かん」ち、思うちょったとです。ところが子どもを育てるには坑内に下がらなしょうがない。坑内は坑外と違って二倍にも三倍にもお金が取れよったですもんね。最初は嫌いよったが、もうそれをしつけたら「坑内でなからな仕事はしたくない」ち、げなふうで、もうこげないいところはないと思うて、よこうたことがないごとして行きよった。夏は汗をビッショリ流して坑口まで走って行っても、一端坑内に下がれば涼しいもん。冬はシャツ一枚でも温《ぬく》いとばい。いま思うても、おもしろかったなぁー。楽しかったなぁー。きついとはきついばってん、アンタ！　坑内が一番いいき！

　そりゃー苦労はしましたばい。そいき、借金かろうて苦労したわけやなし、銭を借って回ったわけでもない。自分が五体を使うて、裸一丁で子育てをしてこれたとですき、これもこの町に炭鉱があったおかげですたい。そいき、私はこの町に恩があるんですたい。子どもが「こっちさへ来て一緒に暮らしない！」ち、言うけんど、よそさへ行こうとは絶対思わん。この町も炭鉱が閉山になってしもーてこげん寂れてしもうちょるけんど、ここほど住みやすいところはないですたい。この町で暮らして、炭鉱で働かしてもろーて、もうほんと私が仕事をやめた時はここの社会福祉に気持ちだけでもお礼がしたいと、何年も前から思うちょると。

私もまだ元気ですき、「まぁ一時《いっとき》働かな！」ち、考えちょります。「あんた、そんだけ働いてきちょったら、お金がたまっちょろーもん。もう働かんでよかろう？」ち、人は言いよるばってん、私は今でん楽しんで働いちょると。自分をよーするも、なさんも心掛け一つやもん。

昔は貧乏しよったが、貧乏は一代続かん。また、そうなるよう一生懸命働かな！「働くとこがない」ちゅうたっちゃぁ、本当に働こうと思えば働くとこはあるとやもん。今は「保護」があるき「保護でん貰えばよか」ち、思うちょるき意欲がなくなって働かんだけで、体が元気でお金が足らんなら人間五体を使って働かな！他所の草取りでもいいやないですか。百姓の加勢でもいいやないですか。他所の困っちょる人の手伝いでもいいやないですか。私はどげな仕事でもしてきたもん。どげな仕事でも意欲と誇りを持って感謝して働かな！そうすりゃー、病気なんかしてる暇はないと。仕事に文句言うごとあったらせんほうがいいと。

私はいよいよ炭鉱のない時は肥え汲みにも行きましたばい。家にジーッとしちょったことはないですたい。今の若い人はそれがないですき、歯痒いですばい。私たち大正生まれはそれですたい。そいき、体が元気なうちは子どもとも暮らさんと。

［ほさか・ふみこ　一九二四（大正一三）年一二月二八日生まれ］

親がゆるして　添わせぬならば
遠賀下りは　二人づれ

筑豊の炭鉱用語

圧制　鉱員に対する使用者側の制裁。

跡間（あとけん）　坑道の掘進はすべて請負い業務で、一間（約一・八二メートル）あたりの掘進に対して単価が決められていた。賃銀はその出来高の間数により支払われ、その出来高や賃銀を跡間といった。跡間つきとは、その意味が転じて実家との縁（お金）が切れない状態のこと。

後ヤマ（あとやま）・**後向き**（あとむき）　先ヤマの仕事を補助する者。採炭の場合は先ヤマが掘り出した石炭を運び出す鉱員。

孔刳り（あなくり）　発破をするときの孔をあけること。

洗い炭　捨てられたボタを洗って混入している石炭を選り出したもの。

安全灯　カンテラなどの裸火は坑道が深くなるに従いガス爆発の原因ともなったので、ガラスを用いて作られた坑内用照明具。

エビジョウケ　エブ。スラや炭車に石炭をすくい込むときに使用した竹籠。

オーガ　小型モーターつきの螺旋状のキリ。

大出し　ふだんの出炭量よりさらに大量の出炭量を課す出炭奨励（日）のこと。

大ヤマ　旧財閥系などの大規模な炭鉱。

オコリ　燃やしても煙の出ない無煙炭のこと。火力が強く工化学用はもちろん家庭用にも使用された。

卸（おろし）　炭層の傾斜に沿って下る方向。

卸底（おろしぞこ）　卸坑道の最深部。

掻き板（かきいた）　石炭やボタを掻き寄せるときに使う鉄製の道具。

片（かた）　捲卸を中心に左右に掘られた水平坑道の位置を表すため、坑口に近い方から左一片、右一片、左二片、右二片などと順次番号をつけた。

方（かた）　勤務を表す言葉。昼間勤務を一番方、夜間勤務を二番方といった。作業に従事した勤務数を方数ともいった。また、採炭方、ポンプ方などと勤務そのものを表すのにも使われた。

片盤（かたばん）　片盤・肩盤。レールのない水平坑道。曲片を指すこともある。

金札（かなふだ）　誰が積んだ石炭かわかるように、各炭車ごとに取り付ける札のこと。

曲片（かねかた）　捲立から続く水平坑道で炭車用のレールが敷いてある主要坑道。

カミサシ　枠や柱などを締めるときに打ち込むくさび。

ガラ（**殻**）**焼き**　規格外の低品位炭を蒸し焼きにし、煙と臭気を取り除きガラと称する家庭用の燃料を作ること。

勘場（かんば）　掘り出された石炭の量を計り、代金を支払うところ。またその事務を執る人も勘場といった。

切羽（きりは）　石炭を採掘する場所のこと。昔石炭を掘ることを「切る」といった。

掘進　坑道を掘鑿《くっさく》して進行すること。

繰込み（くりこみ）　鉱員に入坑を督励すること。

ケージ　竪坑に取り付けられた昇降台。人の入昇坑や資機材の搬出入に使用した。

ケツワリ　鉱員が炭鉱から逃走すること。

坑木　坑内で支柱などに使用する木材のこと。主に松を使用した。

小頭（こがしら）　明治時代からの古い呼称で現場の下級係員のこと。

小ヤマ　設備も不充分な小規模の炭鉱。

コロ（**木路**）　ハシゴ状に敷設してある木の道。もしくは、その木のこと。

棹取り（さおどり）　炭車の操作をする運搬員のこと。

先ヤマ（さきやま）　採炭、仕繰りの経験豊富な熟練者。採炭の場合は直接石炭を掘る鉱員のこと。

笹部屋（ささべや）　坑内係員が事務などを行う坑内の詰め所。

志願　働くことを願い出ること。

仕繰り（しくり）　坑道や切羽などを修理する仕事。

シツジ　坑内で天井から落ちる水滴。

芝ハグリ　炭鉱を初めて開坑すること。

車道大工　軌道の敷設や修理などを専門とする大工。

シャモット焼き　アスファルト舗装の下地材などに利用するためにボタを焼いて砂利状にすること。

充塡（じゅうてん）　採掘跡の天井の沈下を防ぐため空隙を詰めること。

シュモク（**撞木**）**杖**　セナを使用して石炭を運搬するとき、這うようにかがんで歩くため、片手で使用したピストル状の木製の杖。

人車（じんしゃ）　鉱員の入昇坑用に使用する車両。

人道（じんどう）　入昇坑する際に人が通る坑道のこと。

炭丈（すみたけ）　石炭層の厚さ。

スラ　掘り出された石炭を後向きが運び出すときに使用したソリ状の木箱。

スラ街道　スラ運搬専用の小さい坑道で、下にコロを敷いてスラのすべりをよくしてある。

スラ棚　スラで運んできた石炭をそのまま炭車に積み込めるように、炭車の高さにあわせて作られた板張りの棚。

スリッパ　軌条敷設用の枕木。

セナ　小ヤマで使用されていた石炭運搬用の竹籠。セナ棒という四尺余りの棒で前後に担ぎ、這うようにかがんで運んだ。

選炭　石炭の生成途中あるいは採掘時に混入した不純物を取り除くこと。

立担い（たちにない）　炭層が厚く、天井の高いところで石炭を運び出すのに天秤棒を使って立ったまま担いあげること。

竪坑（たてこう）　地下深部の炭層や海底の炭層を採掘するために垂直に掘進された坑道。

他人後向き　家族以外の後向きのこと。

狸掘り　何の設備もない最も原始的な方法で採掘している小ヤマのこと。

炭住（たんじゅう）　鉱員用の住宅。

単丁切羽（たんちょうきりは）　先ヤマ一人、後向き一人だけで掘る最小単位の切羽。

貯炭積み　一時石炭を貯えるため積みあげること。

テボ　もともと山村などで使用されていた背負い籠を石炭運搬用に使いやすく改良したもの。小ヤマで使用された。

テボからい　石炭を中に入れたテボを背負うこと。

盗くつ掘り　他人の鉱区内の石炭を無断で採掘すること。

棟梁　大納屋を運営する者。

トラフ　石炭を運び出すために切羽に備えつけてある鉄製の樋。

トロ　トロッコのこと。主として土工用の手押し車。

ドン　石炭層の中や周辺に入り込んだ岩石のこと。

納屋（なや）　鉱員住宅。独身者用は大納屋といい、家族用は小納屋といった。

ナル木　小さい坑木のこと。枠と枠との間に差し渡して天井囲いなどに使用した。

延先（ぬびさき）　坑道を掘進していく先の行きづまり。

昇（のぼり）　水平坑道から肩の方に向かって進むことを「昇る」といい、この方向を「昇り」といった。

函（はこ）　炭車のこと。

函ナグレ　事故や故障などによって仕事ができないことをナグレるといい、函ナグレ、水ナグレといわれた。

走り込み　坑口近くで傾斜になるところ。

走り函　函と函との連結部分や、捲揚用のロープなどが切れ、函が坑底へ向かって暴走している状態。

バラ　セナを使用していた小ヤマの坑口に置いてあった、径が四～五尺（約一・二～一・五メートル）、深さが二～三尺（約六〇～九〇センチ）ほどの筒状の竹籠。勘定の目安になった。

払い　広い切羽を採掘する方法。

バレる　荷重のため天井や側壁が崩壊すること。

非常（ひじょう）　炭鉱で起きる大事故のこと。

人繰り（ひとぐり）　鉱員に対して入坑督励や欠勤者の補充などを行う者。

一先（ひとさき）　先ヤマ一人と後向き一人の計二人。採炭の最小単位。

一函捲・二函捲　一函か二函かの炭車しか上げたり下げたりできない捲揚機のこと。

日役（ひやく）　採炭などの専門職とは異なり、その日に限ってする坑内の補助的な仕事。

ピン　炭車と炭車を連結するための棒。

風道（ふうどう）　坑内に溜まったガスを坑外に出すための排気専用の坑道。

古洞（ふるとう）　炭鉱の使われなくなった古い坑道や採掘跡。

ボタ　採炭の時などに出てくる石炭以外の無用な岩石のすべて。

ボタ山　ボタによってピラミッド状に積み上げられた山。

本線坑道　主要運搬坑道。

ポンプ方　ポンプの運転手。

捲（まき）　炭車を坑内に下げたり、坑外に上げたりする捲揚機のこと。

捲卸（まきおろし）　炭車を捲機で上げ下げする主要運搬卸坑道のこと。本卸ともいう。

捲方（まきかた）　捲機の運転手。

捲立（まきたて）　本線（主要運搬坑道）から水平坑道への入り口。

見込み　採炭員に対して課せられたその切羽の出炭予定量。

役人　炭鉱の職員のこと。

ヤケ　セナを使って石炭を運搬したときなど、セナ棒によって背中がくぼみ、そこがすり切れてできた傷のこと。

矢弦（やげん）　捲機前などでロープの巻き取り、繰り出しなどを円滑に行う大型の車輪。

ヨキ　坑内で使用する斧のこと。

露天掘り　地表から浅いところにある炭層をそのまま掘り下げて採掘する方法。

筑豊地方の方言

足半草鞋（あしなかわらじ）　田畑などの仕事をする時に履く足半分ほどの短い草鞋。
いっちょん　少しも。
いのう　担うこと。
いばしい　荒っぽい。猛烈な。
うてあわん　かまわない。相手にしない。
えずい　恐い。
おらぶ　叫ぶ。
がめ（がめる）　一人占めにする。けち。
がめつい　ものすごい。粗暴な。
からう（かろう）　背負う。
きびる　結ぶ。縛る。
暗すみ（暗隅）　暗闇。暗がり。
クレ　塊。
ゲッテン　癇癪持ち。癇癪。
こまい（こーまい）　小さい。
サマ　夫。恋人。
しこ　だけ。
しまえる　死ぬ。終わる。
シャンス　恋人。
じょうもんさん　若くて器量のいい女性。
所帯　家事。一家の切り盛り。
そいき　「だから」とか「だけども」「それでも」。
そうつく　うろつく。徘徊する。
ぞーたん　冗談。
ダゴ　団子。
たまがる　びっくりする。
つのう　連れ合う。連れ立つ。
つまらん　だめになる。
所（ところ）　生まれた土地。出身地。
どまくらかされる　だまされる。裏切られる。
どまぐれる　もとは炭車が脱線すること。そこから派生して酔っぱらい、道楽者、遊びほうけることなどの状態を表した。
なおす　しまう。収納する。保存する。整頓する。
なぐれる　放浪する。流浪する。
担いあげる　ものを天秤棒で担いで運ぶ。ものを担ぐ。
ぬるい　敏捷でない。のろい。
のそん　入坑しても仕事をしなかったり、途中で仕事をやめて昇坑すること。
ハナ　最初。ものの始め。
腹をかく　腹を立てる。
ハンゴ　都合。
ひょうくらかす　ふざける。からかう。
フがいい　運。運命。巡り合わせがいい。
二つぶせ　単位を表す。この場合二年おきに、という意味。

太らかす　育てる。
ほげる　穴があく。
ボッシュウ　募集。
むげない　可哀想。むごい。
もやい　ものを共有すること。共同で仕事をすること。
やおい　柔らかい。
やおない　容易でない。困難だ。
よこう　休む。休憩する。

おわりに

本書に掲載した元女坑夫のお婆ちゃんたちの聞き書きとポートレートは一九八七年から九一年にかけて取材したものです。かつて筑豊三大炭都のひとつといわれた田川市の松原地区は、私が滞在していたころはまだ昔の炭住がそのままの形で軒を連ねていた所でした。お婆ちゃんたちの話の中で、必ずといっていいほど昔を懐かしんで出てくるのがこの炭住での暮らしでした。炭鉱という、より苛酷な労働を共有した人々が暮らした長屋は、生活のレベルにおいてもまたはるかに濃密な路地を作りだしたのでした。この路地の中で子どもたちは育ち、そして人々は老いていったのです。私もまた、そういった最後ともいえる消えゆく路地の恩恵を受けた一人でもありました。

「何やら知らんが東京から写真屋の兄ちゃんが一人で来ちょるげな。嫁さんもおらんとに可哀想なことある」。そう言って夕方ともなると、近所のお婆ちゃんたちが夕食をお盆に載せて持ってきてくれるのでした。そして、夜の十時を過ぎると、私の家のガラス戸は再びガラガラと軋んだ音をたてることになるのです。

「いるねー？」と、言った時は上がり框。「上がるばい」と、言った時はすでに部屋の中——とは、往時の炭住の暮らしぶりを表す時によく言われることですが、その言葉にたがわず誰かが来たと思い立ち上がって振り向いた時には、すでに私の目の前には湯呑みになみなみとつがれた晩酌用の焼酎が差し出されているのです。そうやって入れかわり立ちかわり私に食事や寝酒を運んできてくれたお婆ちゃんたちは、もちろん坑内に下がった経験のある人たちではありません。しかし、石炭とともに生きた女であることには変わりなかったのです。また他の地域の炭住街を歩き回っている時に、「ほーっ、そりゃー大ごとばい。あんたの役に立つことはできんが……」と言って、だまって私の手に数枚の千円札を握らせてくれた見知らぬ人も何人かいたのです。この仕事は筑豊が未だに持っている、そういった懐の深さによって支えられたものであることを最後に付け加えておきたいと思います。

私にとっては思い出深い炭住での暮らしに別れを告げ、筑豊を去ってからすでに十年近い時が経ってしまいました。この間、日本経済は平成不況の真っ只中にあり、出版の話もいつしか延び延びとなっていました。私自身も次のテーマに追われ筑豊への足も遠のく中、唯一お婆ちゃんたちとの約束を果たすことなく終わることに、自責の念のみつのる日々でもありました。しかし今、あえてこの時期に私が出版に踏み切ったのは、ここ数年の日本を取り巻く社会状況の変化にありました。怪しげなカルト集団が無差別大量殺人を繰り返したかと思えば、親が子どもを殺し、子どもが親を殺す事件が相次ぎました。自殺や幼児虐待が急増する一方で少年犯罪が凶悪化しています。何か社会全体のタガがはずれてしまったかのような不安を感じている人も少なくはないと思います。一体この国はどこへ向かって進んでいるのでしょうか。そう思った時、私の中で筑豊のお婆ちゃんたちの存在が十年前に取材をした時以上に大きく感じられてきたからにほかなりません。

今回、そういった私の意図を汲んで快く刊行を引き受けてくれた築地書館の社長土井二郎さん、及び編集担当の橋本ひとみさんには大変お世話になりました。また私が五年もの間、筑豊で取材を続けてこられたのは、ご自身保母をしながら地元の劇団で女坑夫の一人芝居を演じつづける山岡千恵子さんの支えと、東京ではフリーライターの一澤ひらりさんの励ましがあったればこそです。この場をかりてお二人に改めて感謝したいと思います。最後に、私の取材に嫌な顔ひとつせずに話をしてくれ撮影をさせていただいたお婆ちゃんたちには、もはや感謝の言葉もありません。今年の春私は再び筑豊を訪れましたが、本書に掲載させていただいたお婆ちゃんたちのうち六割の方が亡くなられていました。ここに改めてご冥福をお祈りするとともに、刊行がここまで遅れてしまったことを重ねてお詫びしたいと思います。また、転居等のため連絡のとりようのない方も何人かおられました。したがって亡くなられた方も含めて生年月日のみの記載にとどめ、敬称も略させていただいたことをお断りしておきます。

いつしか私も彼女たちと同じ年齢になります。その時、このお婆ちゃんたちと同じように自分の人生を振り返って、明るく屈託なく語れるように凝縮した今を生きたいと切に願ってペンを置きたいと思います。

二〇〇〇年八月一五日

田嶋　雅已

【著者紹介】

田嶋雅巳（たじま・まさみ）

一九五三（昭和二八）年生まれ。名古屋市出身。立教大学卒業。大学在学中よりほぼ十年間の肉体労働をへて、一九八六年よりフリー。日本写真家協会会員。写真家。フォトジャーナリスト。現在は、原子力問題や環境問題などをテーマに、週刊誌、月刊誌を中心に活動している。

現住所：東京都八王子市寺田町四三二　一二〇-一

☎〇四二-六六四-六四〇六

取材中の著者

炭坑美人——闇を灯す女たち

二〇〇〇年一〇月二〇日初版発行
二〇一四年 四 月三〇日六刷発行

著者——田嶋雅巳
発行者——土井二郎
発行所——築地書館株式会社
東京都中央区築地七-四-四-二〇一 〒一〇四-〇〇四五
TEL〇三-三五四二-三七三一 FAX〇三-三五四一-五七九九
ホームページ＝http://www.tsukiji-shokan.co.jp/
印刷・製本——株式会社東京印書館
装丁——小島トシノブ

 ISBN 978-4-8067-1212-1 C0095

明治中期　バンガヤリ（傾斜）二十度位になると
臂力でささえる事は、　強力な男でも駄目
此のスラは女の方が要領がよい頭でうけ
手で梶　足はコロを一歩でも
踏はずせない、　共同カイロであ
るから他人にも怪我させる。
スラ函は両側石油缶《ブリキ》を
切り広げて張る、五枚を
差し　二百キロ位　積む、
カイロは低い壁狭く
よけ場もない

山本作兵衛画（田川市石炭資料館蔵）